CAR検
自動車文化検定

公式問題集

2級・3級
全200問

CAR検 自動車文化検定 公式問題集

2級・3級
全200問

Illustration＝綿谷 寛

Contents
目次

自動車文化検定概要 —————————————— 5

3級 模擬問題と解説 —————————————— 7

2級 模擬問題と解説 —————————————— 111

クルマを知れば、
世界がわかる──
CAR検で自動車知識を
ブラッシュアップ！

「自動車文化検定＜Licensing Examination of Culture of Automobile and Road Vehicle＞（CAR検）」は日本初の本格的な自動車文化全般にわたる検定試験です。

　自動車についての正確な知識を持ち、これからの自動車文化の発展に資するために実施されます。

　自動車を愛するすべての人々にとって自分の知識のレベルを測る指標となります。また、自動車に関わる仕事に従事する方にとっては、スキルを向上させるための道しるべとなります。

　この公式問題集では、実際の検定試験で出題されるレベルの模擬問題を載せています。公式テキストと併せ、検定試験への準備に役立ててください。

自動車文化検定委員会

CAR検公式サイト
http://car-kentei.com

CAR検
3級
模擬問題
と
解説

CAR検 3級 概要

出題レベル	クルマが大好き、運転大好き、クルマを見ると即座に車名が言える初級カーマニア
受験資格	車を愛する方ならどなたでも。年齢、経験等制限はありません。
出題形式	マークシート4者択一方式100問。100点満点中70点以上獲得した方を合格とします。

Question 001

フォードが生産した乗用車で、大量生産・大量消費社会の幕開けとなったと言われるモデルは?

(ア) A型
(イ) F型
(ウ) N型
(エ) T型

解説 フォード・モーター・カンパニーが最初に作ったクルマは、1903年のA型(モデルA)。要するに、最初の製品ということで付けられた名称なのだ。

F型は1905年に作られたもので、2気筒12HPエンジンを搭載していた。

1906年に発売されたN型は4気筒エンジンを積んだ安価な小型車で、T型の原型となったといわれる。

1908年に発表されたT型は良質のバナジウム鋼を用いたこともあって信頼性が高く、好調な販売成績をあげた。フォードは大量生産によって価格を引き下げるため、コンベアラインでの生産方式を採用した。

生産終了の1927年までに1500万7033台というとてつもない台数が生産された。　　　　　　　　　　　　答:(エ) T型

Point T型フォードは「カー・オブ・ザ・センチュリー」に選ばれたほどの重要なモデル。基本として出題される可能性大。

Question 002

アメリカの「ビッグスリー」に含まれないのは？

| (ア)GM |
| (イ)フォード |
| (ウ)シェルビー |
| (エ)クライスラー |

解説 多くのメーカーが設立されたアメリカでは、早くからゼネラル・モーターズ、フォード、クライスラーのいわゆるビッグスリーが形成され、寡占状態を作り出していた。

フォード・モーター・カンパニーが設立されたのは1903年のこと。1908年には、ウィリアム・クレイポ・デュラントがゼネラル・モーターズを立ち上げる。オールズモビル、キャデラック、エルモアなどの自動車会社を次々に買収し、巨大なメーカーに育っていく。

クライスラーは少し遅れて1925年の創設で、ダッジを買収するなどして成長していった。

現在でもビッグスリーは存続しているが、日本車の進出などでかつてほどの勢いはない。

シェルビーは、マスタングなどのチューニングで有名な会社だが、規模は小さい。　　　　　　　　　　答：(ウ)シェルビー

Point 衰えたとはいっても、ビッグスリーはアメリカ自動車史を貫く柱。基本的なブランドは知っておきたい。

Question 003

日本の大衆車時代を象徴する出来事として語られる「BC戦争」。「BC」とは何を指す?

(ア)ブルーバード／コロナ
(イ)Be-1／カプチーノ
(ウ)ヴィッツ／コルト
(エ)ビッグ／カラー

解説 1960年代に、ダットサン・ブルーバードとトヨペット・コロナの実用ファミリーカーの販売合戦が熾烈であったことから、頭文字をとって付けられたのがBC戦争という呼び名。

63年デビューの2代目ブルーバードと、64年デビューの3代目コロナの間で激しい競争が繰り広げられた。名神高速道路開通の時期であり、中産階級に自動車が普及していく中での出来事だった。

結果としては、コロナがブルーバードの販売を初めて抜き、国内販売台数1位となって勝利する。

答:(ア)ブルーバード／コロナ

Point この後70年代に展開されるカローラとサニーの戦いも要チェック。

Question 004

次のサーキット図のうち、富士スピードウェイを表しているのはどれ？

(ア) (イ) (ウ) (エ)

解説 富士スピードウェイは、約1.5キロの長いストレートを特徴とする高速サーキット。

1966年にオープンし、日本グランプリやグランドチャンピオンシリーズなどが行われた。1976年には初めてF1が開催されている。1987年からF1は鈴鹿サーキットで行われていたが、2007年より富士スピードウェイで開催される。

(イ)は立体交差が特徴的な鈴鹿サーキット。
(ウ)は比較的コンパクトでコーナーの多い筑波サーキット。
(エ)はオーバルコースとロードコースで構成されるツインリンクもてぎ。

答：(ア)

Point 富士スピードウェイについては、過去にあった「30度バンク」に関しても知っておくべき。

Question 005

「コネクティングロッド」とは、何に関係のあるパーツ？
(ア)サスペンション
(イ)エンジン
(ウ)トランスミッション
(エ)ブレーキ

解説 コネクティングロッド(Connecting Rod)とは、文字通り「連結する棒」を意味する。略して「コンロッド」と呼ぶこともある。

レシプロエンジンではピストンの直線運動を回転運動に変換するが、コネクティングロッドはピストンとクランクシャフトを結ぶ役割を果たす。　　　　　　　　　答：(イ)エンジン

Point レシプロエンジンの基本構造とパーツの名前は頭に入れておこう。

Question 006

「サスペンション」を日本語で言うと？
（ア）懸架装置
（イ）操舵装置
（ウ）変速装置
（エ）制動装置

解説 サスペンション（Suspension）は、吊るすことを意味する。ボディと車軸をつなぐ装置で、バネとショックアブソーバー、アーム類で構成される。懸架は、つり下げるという意味の熟語。

操舵装置は、ステアリング（Steering）．
変速装置は、トランスミッション（Transmission）。
制動装置は、ブレーキ（Brake）。

答：（ア）懸架装置

Point 独立懸架、非独立懸架という言葉で使われることが多い。

Question 007

ハイオクガソリンについての記述で、正しいものは？

（ア）ノッキングを起こしにくい
（イ）必ず鉛が入っている
（ウ）オクタン価が80以上
（エ）カロリーが高い

解説

ハイオクは「ハイオクタン価ガソリン」の略で、オクタン価の高いガソリンをいう。

オクタン価はエンジン内でのノッキングの起こりにくさを示し、数値が高いほうがノッキングが起こりにくい。日本工業規格ではオクタン価が96以上と定められている。

チャールズ・F・ケッタリングが開発したハイオクガソリンには四塩化鉛が添加されていたが、鉛公害が問題となり、現在では別の添加剤が使われている。

プレミアムガソリンという名で呼ばれることもあり、高価であることからパワーが出そうなイメージがあるが、レギュラーガソリン仕様のエンジンに使ってもたいした効果は期待できない。

答：（ア）ノッキングを起こしにくい

Point

ハイオクはオクタン価が100と誤解している場合が多いが、商品名と混同しないように。

Question 008

F1とは、何の略称？
(ア) Force 1
(イ) Fortune 1
(ウ) Former 1
(エ) Formula 1

解説 F1、F3などのレース名の「F」は、Formulaのこと。規定、規格の意味で、エンジンやシャシーなどが厳密に規定されていて、同一の条件で競うことになる。F1はFIA（国際自動車連盟）が認定していて、世界最高峰に位置づけられる。

イギリスのシルバーストーン・サーキットで1950年に開催されたのが最初。世界各国を転戦し、ポイントによってチャンピオンを決定する。2007年は、日本を含む全17戦で戦われる。

答：(エ) Formula 1

Point F1に関しては、前年の優勝チームやドライバーなどを覚えておきたい。

Question 009

2006-2007年の日本カー・オブ・ザ・イヤーを受賞したクルマは？

(ア) ホンダ・ストリーム

(イ) 三菱i

(ウ) メルセデス・ベンツSクラス

(エ) レクサスLS460

解説 日本カー・オブ・ザ・イヤー(COTY)は、1980年に始まったもので、1年間に発売された乗用車の中から最も優秀な1台を選定する、というもの。

まず「10ベストカー」が第一次選考対象車として選ばれ、その中から投票によってイヤーカーが決定する。2006-2007年は、レクサスLS460が受賞した。三菱iは次点だった。

RJCカー・オブ・ザ・イヤーという催しもあり、こちらでは三菱iがイヤーカーとなった。　　　　答：(エ) レクサスLS460

Point 意外に忘れてしまっているのが、イヤーカー。受験前に確認を。

Question 010

オープンカーを表す言葉ではないものはどれ？
(ア)ロードスター
(イ)エステート
(ウ)カブリオレ
(エ)スパイダー

解説 オープンカーを表す言葉は多く、ロードスター(Roadster)、カブリオレ(Cabriolet)、コンバーチブル(Convertible)、バルケッタ(Barchetta)、スパイダー(Spider)、ドロップヘッド・クーペ(Drop Head Coupe)、デカポタブル(Decapotable)と、多種多様だ。アルファ・スパイダー、フィアット・バルケッタ、マツダ・ロードスターなど、そのまま車名となっている例も多い。

エステート(Estate)はステーションワゴン(Station Wagon)のことで、ブレーク(Break)とも呼ばれる。

答：(イ)エステート

Point セダン＝サルーンなど、ボディ形式の基本的な知識は必要。

Question 011

スバル360は、通称で何と呼ばれた?
(ア) かみきり虫
(イ) かぶと虫
(ウ) すず虫
(エ) てんとう虫

解説　スバル360は、1958年に発売された軽自動車。わずか356ccのエンジンで全長3mに満たない小さなクルマだが、4人の大人が乗って走れる性能を有していた。

中島飛行機という航空機メーカーを出自とする富士重工の製品だけあって、モノコックボディを採用しての軽量化、高出力エンジンなど、高い技術が注ぎ込まれていた。

当時の庶民にも手の届くクルマとして、モータリゼーションの発展に大きな役割を果たした。可愛らしい外観から、「てんとう虫」が通称となった。　　　　答:(エ) てんとう虫

Point　360cc時代の軽自動車の中で、スバル360は最も有名な存在で、出題の可能性も高い。

Question 012

フェラーリのエンブレムを、俗に何と言う?
(ア) 走り馬
(イ) 飛び馬
(ウ) 昇り馬
(エ) 跳ね馬

解説 元は、イタリア空軍のエースパイロットだったフランチェスコ・バラッカが愛機に付けていたマーキングである。レーシングドライバーだった頃のエンツォ・フェラーリが1923年にサヴォイ・サーキットで優勝した時、戦死したフランチェスコの両親から贈られた。

イタリア語ではカヴァリーノ・ランパンテ(Cavallino Rampante)で、英語表記のプランシング・ホース(Prancing Horse)も使われる。　　　　答:(エ) 跳ね馬

Point エンブレムは画像での出題もあるので、有名メーカーのものはしっかり目に焼き付けておこう。

Question 013

トヨタ2000GTのエンジンを開発した会社は？
(ア)ヤマハ
(イ)ダイハツ
(ウ)いすゞ
(エ)ポルシェ

解説 1960年代、日本の自動車メーカーはスポーツカーを市場に投入していた。ホンダS600、ダットサン・フェアレディなどが人気を博していた。

トヨタはパブリカをベースにスポーツ800を発売していたが、1967年にはるかに高級なスポーツカーである2000GTを発売した。販売価格はクラウンの2倍ほどで、生産台数はわずかに337台といわれている。

流麗なスタイルとともに、搭載された直列6気筒DOHCエンジンが特徴で、開発にはヤマハが深く関わっている。

答:(ア)ヤマハ

Point トヨタ2000GTは日本初のグランドツーリングカーともいえ、イメージリーダー的存在だった。

Question 014

この図の中で、燃焼の行程を示すのは？

(ア) (イ) (ウ) (エ)

解説 4ストロークエンジンは、発明者の名をとってオットーサイクルとも呼ばれる。吸入、圧縮、燃焼、排気の4つの行程がワンセットとなっており、この過程でクランクシャフトは2回転する。　　　　答：(ウ)

Point 2ストロークエンジンはほとんど使われなくなっており、4ストロークエンジンの知識が重要。

Question 015

アイルトン・セナの愛称は？
(ア) 微笑みの貴公子
(イ) 音速の貴公子
(ウ) 最速の貴公子
(エ) 快速の貴公子

解説 3度F1ワールドチャンピオンに輝いたアイルトン・セナは、日本でのF1人気が最も高かった時期にホンダエンジンを搭載したマシンで活躍していた。コアなレースファン以外にも有名で、テレビ中継で古舘伊知郎が使っていた「音速の貴公子」という愛称はよく知られている。
円熟期を迎えていた1994年のサンマリノGPで高速コーナーで大クラッシュ、34年の短い生涯を終えた。

答：(イ) 音速の貴公子

Point ミハエル・シューマッハの「赤い皇帝」、ジム・クラークの「フライング・スコット」など、愛称も要チェック。

Question 016

アメリカで1970年に改定された大気汚染防止のための法律の通称は？

（ア）マスキー法
（イ）ミーガン法
（ウ）ゴールドウォーター＝ニコルズ法
（エ）スーパー301条

解説　1960年代からアメリカでは排ガス規制が始まり、1970年に大気浄化法の改正案が提出された。提案者のエドマンド・マスキー上院議員の名をとって、マスキー法と呼ばれる。

これは排ガス中の一酸化炭素、炭化窒素などを10分の1に削減することを義務づけるもので自動車業界の反発が強く、実際には法案が発効する75年の前に廃案とされてしまった。

クリアするのは不可能といわれたが、ホンダが開発したCVCCエンジンが、初めてこの基準を満たした。

答：（ア）マスキー法

Point　自動車の環境問題の出発点となるのがマスキー法。CVCCとセットで覚えておくといい。

Question 017

1966年に日産自動車と合併したメーカーの名は？
(ア) キング自動車
(イ) クイーン自動車
(ウ) プリンス自動車
(エ) バロン自動車

解説 日本の自動車産業は驚異的な復興を見せ、1967年にはアメリカに次ぐ世界第2位の自動車生産国にまで成長した。

当然ながら海外からの市場開放要求が強まり、1965年には完成乗用車の輸入制限が撤廃されていた。

海外メーカーとの競争激化を控えて、通産省は国内メーカーの競争力を高めるための業界再編成を画策した。その流れの中で実現したのが、日産自動車とプリンス自動車の合併だった。1966年のことで、当時のシェアはそれぞれ2位と4位である。

プリンス自動車が生産していたスカイラインは、今でも日産に受け継がれて販売されている。

答：(ウ) プリンス自動車

Point 立川飛行機を前身とするプリンス自動車は高い技術を持っていたが、商業的には苦戦して経営不振に陥っていた。

Question 018

日野自動車がかつてノックダウン生産していたモデルは？

(ア)オースチンA40
(イ)ヒルマン・ミンクス
(ウ)ルノー4CV
(エ)ジープ

解説 　太平洋戦争の間、日本の自動車産業は技術開発がストップしてしまった。戦後になって当時の通産省の指導のもと、欧米メーカーのクルマをノックダウン生産することで遅れを取り戻そうとした。

　日野がルノー公団、日産がオースチン、いすゞがルーツ・グループ、三菱がウィリス・オーバーランドとそれぞれ提携し、部品を輸入して組み立てを行った。

　その中で得た技術が、後の日本自動車産業の発展の基礎となった。　　　　　　　　　　　　答：(ウ)ルノー4CV

Point 　戦後のノックダウン生産での日本のメーカーと車種の組み合わせは、数が少ないだけにすべて記憶しておいたほうがいい。

Question 019

メルセデス・ベンツの「メルセデス」とは何のこと？
(ア)ドイツの地名
(イ)ギリシア神話の神様
(ウ)「最高級」を表すラテン語
(エ)女性の名前

解説 ダイムラーのディーラーを経営していたエミール・イェリネックにより、1900年から01年にかけて製作した35psにメルセデスと命名された。

ダイムラーという名が固い響きを持つことから、イェリネックの娘の名を付けたのである。1902年に、メルセデスはダイムラーにより商標登録されている。

その後、ライバルであったベンツ社と1926年に合併し、ダイムラー・ベンツ社が誕生する。その製品には、メルセデス・ベンツの名が与えられることになった。

答：(エ)女性の名前

Point ドイツ自動車産業の重要な位置を占めるメルセデス・ベンツ。その始祖であるゴットリープ・ダイムラーとカール・ベンツの逸話は知っておきたい。

Question 020

「ダンパー」と同じものを指す言葉は？
(ア)ピローボール
(イ)マフラー
(ウ)バルブステム
(エ)ショック・アブソーバー

解説　サスペンションを構成する重要なパーツが、スプリングとダンパーである。スプリングで衝撃を吸収し、ダンパーがそのスプリングの周期振動を収束させる。

Damperとは弱めるものということで、Shock Absorber（衝撃を吸収するもの）と同じことを意味する。

選択肢のうちのピローボールというのもサスペンションを構成するパーツの一つで、ラバーブッシュの代わりに金属球を使って精度を高めたジョイントの一種である。

答：(エ)ショック・アブソーバー

Point　サスペンションのパーツは、ほかに車輪のガイド機構、スタビライザーなどがある。

Question 021

次のうち、実際に生産車が存在しない駆動方式は?

| (ア)フロントエンジン+前輪駆動 |
| (イ)フロントエンジン+後輪駆動 |
| (ウ)リアエンジン+前輪駆動 |
| (エ)リアエンジン+後輪駆動 |

解説 エンジンの搭載位置は、車体前部、車体中心部、車体後部の3種類がある。駆動輪の位置は、前輪、後輪、前輪と後輪、つまり四輪すべての3種類である。これを掛け合わせると、全部で9種類の駆動方式が考えられる。

オーソドックスなFRはフロントにエンジンを置き、後輪を駆動する方式。現在主流のFFは、フロントにエンジンを置き前輪を駆動する方式である。

リアエンジンで後輪を駆動するRRは、最近ではあまり見られなくなった。

車体中心部にエンジンを置き、後輪を駆動するミドシップは、主にスポーツカーに採用されている。それぞれのエンジン搭載位置で、四輪を駆動するものもある。

車体中心部、あるいは後部にエンジンを搭載して前輪を駆動するメリットはないため、そういう生産車は存在しない。

答:(ウ)リアエンジン+前輪駆動

Point 前輪駆動のクルマは必ずエンジンがフロントに搭載されている、と覚えればよい。

Question 022

パンクをしても一定の距離を走り続けることのできるタイヤのことを何と呼んでいるか？

| (ア)ランナブルタイヤ |
| (イ)ランフラットタイヤ |
| (ウ)スリックタイヤ |
| (エ)ハイブリッドタイヤ |

解説 タイヤは通常内部の空気圧によって車重を支えているが、サイドウォールを強化するなどして、パンクしても一定の距離を走れるようにしたのがランフラットタイヤだ。

スペアタイヤを省略できるので、パッケージングの面で利点がある。当初は乗り心地などに問題があったが、現在は改善されてきている。

パンクした際に気づきにくいため、空気圧センサーを装備する必要がある。　　　　答：(イ)ランフラットタイヤ

Point 積極的に採用しているのがBMW。標準装備となっている車種もある。

Question 023

高速道路の利用料金を自動で精算するシステムとは?

(ア) TEC
(イ) ECT
(ウ) ETC
(エ) CTE

解説 ETCとは、Electronic Toll Collection Systemの略で、日本のノンストップ自動料金収受システム。ETCカードを車載器に挿入しておき、ETCレーンを通過する際に無線で情報をやり取りする。

料金はその後クレジットカードで決済される。

同じような自動料金収受システムは海外でも運用されており、イタリアでは1989年にすでに試験運用が始まっていた。

答: (ウ) ETC

Point 誰でも知っている言葉だが、念のため略さないで覚えておくとよい。

Question 024

フットブレーキを使わず、ギアを1段落として速度を低下させる方法を何という?
(ア) 回生ブレーキ
(イ) シフトブレーキ
(ウ) エンジンブレーキ
(エ) 排気ブレーキ

解説 ギアを低くすると同じ速度ではエンジンの回転数が上がり、回転抵抗によって減速が行われる。それでエンジンブレーキと呼ばれる。

MTでできるのはもちろんだが、ATでもセレクトレバーを操作すれば同じように操作できる。

山道の下りでは、低いギアを使って速度をコントロールし、フットブレーキの使用を極力抑えたほうがいい。フットブレーキに頼りすぎるとフェードさせてしまい、最悪の場合はベーパーロック現象が発生してブレーキが効かなくなってしまう。

答:(ウ) エンジンブレーキ

Point 山道のドライビングでは基本中の基本。ブレーキのフェードと併せて覚えておこう。

Question 025

「SUV」は何の略称？
（ア）スペシャル・ウルトラ・ビークル
（イ）スポーツ・ユーティリティ・ビークル
（ウ）スペース・ユニバーサル・ビークル
（エ）スタイル・アーバン・ビークル

解説 SUVはSports Utility Vehicleの略で、スポーツ多目的車の意味。

厳密な定義はないが、オフロードタイプの地上高の高いジープ型のクルマを指す。オフロード指向なので四輪駆動が多い。

ただ、実際にはオフロードに足を踏み入れないユーザーが増え、オンロードの性能が重視されるようになってきたことで、クロスオーバーSUVといわれるモデルが多くなってきた。

スタイリングからは無骨さを消し去り、インテリアには乗用車的な快適性と高級感を与えたもので、四輪駆動ではないことも珍しくはない。

答：（イ）スポーツ・ユーティリティ・ビークル

Point 以前はRV（レクリエーショナル・ビークル）と呼ばれていたが、最近ではSUVの呼び名が主流。

Question 026

この標識の意味は？
←
(ア) 一方通行
(イ) 一方通行解除
(ウ) 左方向要確認
(エ) 常時左折可

解説　青い地に白い矢印の標識は一方通行を表すが、白地に青い矢印は常時左折可を意味する。
　信号が赤でも左折することができるが、周囲のクルマや歩行者に注意して走行するのは当然である。

答：(エ) 常時左折可

Point　道路標識は普段運転しているならば、当然理解しているべきもの。基本的なものが出題される可能性は高い。

Question 027

安全に関して、正しい記述は？
（ア）エアバッグを装備していれば、
シートベルトは必要ない
（イ）ブレーキペダルを踏み込んで膝に
少し余裕があるほうがいい
（ウ）ハンドルは手をまっすぐに伸ばして
ギリギリ届く位置がいい
（エ）長時間運転するときはシートを
なるべく寝かしたほうがいい

解説　ドライビングポジションは、クルマを正確に操作するための重要な要素である。

ブレーキペダルやクラッチペダルを奥まで踏み込んだ時に、膝に少し余裕が残るところまでシートを前に出しておきたい。ハンドルは、いちばん上を握って肩がシートから離れない位置に調節する。

シートを寝かせていわゆるストレートアームのポジションをとると、素早いステアリング操作ができない。

エアバッグは衝突時にふくらんで乗員の体を受け止めるが、高速で展開するために、シートベルトをしていないとむしろ乗員にダメージを与えることになる。　　　　　　　答：（イ）

Point　後席でも、シートベルトを装着することが大切。車外放出による死亡事故が多く発生している。

Question 028

初代トヨペット・クラウンの排気量は？
（ア）500cc
（イ）1500cc
（ウ）2500cc
（エ）3500cc

解説 　3ℓでも驚かない現在と、クラウンがデビューした1955年では、大排気量の感覚が違う。はじめのモデルは1500ccエンジンで48psというものだった。

　1960年のマイナーチェンジで1900ccエンジンを搭載したモデルが登場している。また、半自動変速機のトヨグライドも採用され、商品性を高めている。　　　　　　答：（イ）1500cc

Point 　1960年にデビューした日産セドリックは1480ccの71psエンジンに4段MTの組み合わせだった。

Question 029

タイヤの空気圧が低下するとどうなる?
(ア)操縦安定性が悪くなる
(イ)燃費がよくなる
(ウ)加速がよくなる
(エ)キビキビ走る

解説 タイヤの原料であるゴムは、完全な気密性素材ではない。放っておくと、タイヤの空気は1か月に1割弱ずつ抜けていく。

空気圧が下がるとタイヤの変形量が増え、それによって転がり抵抗が増加する。したがって燃費が悪化し、規定の空気圧よりも30パーセント低いと燃費が2パーセント悪化するという報告がある。

また、タイヤの剛性が保てなくなることにより、操縦安定性が低下し、急ハンドル時などには危険が増す。

さらに空気圧が低下すると、高速走行でタイヤがバーストする可能性すらある。

タイヤの空気圧を適正値に保つために、1か月に一度は空気圧のチェックを行うべきである。

答:(ア)操縦安定性が悪くなる

Point 指定空気圧の数値は、運転席側ドアの端などに表示されていることが多い。乗員数によって、細かく設定してあるクルマもある。

Question 030

クルマを動かす基本のアクセル（A）、ブレーキ（B）、クラッチ（C）。現代のクルマでペダルは左からどう並んでいる？
(ア) C、B、A
(イ) A、B、C
(ウ) A、C、B
(エ) B、C、A

解説 どのクルマに乗っても、とりあえずすぐに運転できるのは、ユーザーインターフェース(UI)が統一されているからである。

ブレーキ位置がクルマによってまちまちでは安心して運転できないので、必ず右からアクセル、ブレーキ、クラッチ、の順にペダルが配置されている。

ただ、自動車の黎明期には統一されておらず、さまざまな操作方法があった。　　　　　　　　答：(ア) C、B、A

Point ごく初歩的な問題だが、AT免許の人もうっかり間違えないようにしよう。

Question 031

フォルクスワーゲンのビートルは通称だが、正式名称は？
(ア) バグ
(イ) ゴルフ
(ウ) タイプ1
(エ) タイプ2

解説 ヒトラーの国民車計画から始まって1938年にはKdF-Wagenと命名されたが、第二次大戦後にフォルクスワーゲン・タイプ1と車名が変更された。個々のモデルには、フォルクスワーゲン1200などの素っ気ない名称がつけられている。

その形の印象から英語圏でビートル(Beetle、かぶと虫)、あるいはバグ(Bug、虫)などと呼ばれた。日本でもかぶと虫という呼び名が使われ、「ワーゲン」という表現も多く使われた。

タイプ2は、1950年に発表されたワンボックスカーのこと。

答：(ウ) タイプ1

Point 1998年から製造しているニュービートルは正式名。ゴルフベースの前輪駆動車。

Question 032

クルマがカーブを曲がるときにロールを防ぐための部品のひとつは？
(ア)ドライブシャフト
(イ)スタビライザー
(ウ)フットレスト
(エ)ハブ

解説 コーナリングで大きな遠心力が発生した時、バネだけでは車体のロールを抑えることができなくなることがある。

左右のサスペンションを連結するバーがスタビライザーで、アンチロールバーとも呼ばれる。左右の動きに差が生じた際に、バーのねじれに対する復元力により元に戻そうとする。

レーシングカーでよく使われていたが、市販車にも装備されることが多くなってきた。乗り心地を損なわずに敏捷な走りを得る効果がある。　　　　　答：(イ)スタビライザー

Point ロールを抑えることを、ロール剛性を上げると表現することもある。

Question 033

「インストゥルメントパネル」と同じ意味の言葉は？
(ア)センターコンソール
(イ)ダッシュボード
(ウ)バンパー
(エ)フェンダー

解説 インストゥルメントパネルとは、フロントシートの前にあり、スピードメーターや回転計、燃料計などを取り付けてある部分を指す。

初期の自動車は馬車から車体の作りなどを多く受け継いでいて、パーツの呼び名も馬車由来のものがたくさんある。馬の足が跳ね上げる泥を防ぐための板が馬車に取り付けられていて、それをダッシュボードといった。

初期の自動車ではその部分に計器類を取り付けていた。それで、現在の自動車でもダッシュボードと呼んでいる。

センターコンソールとは、運転席と助手席の間を占める部分で、ダッシュボードから連続した形状になっている場合が多い。　　　　　　　　　　　　　　　　答：(イ)ダッシュボード

Point 1901年に発売されたオールズモビルのカーブドダッシュは、ダッシュボードが優雅なカーブを描いていることから名付けられた。

Question 034

急激な強いブレーキングによるタイヤのロックを防ぐ装置とは？
(ア) ABS
(イ) EBD
(ウ) SRS
(エ) TCS

解説 ABSはAntilock Brake Systemのことで、自動的にポンピングブレーキを行うことでタイヤがロックするのを防止する機構。強い力でブレーキングしても、操舵力が確保される。

EBDはElectronic Brake-force Distributionで、電子制御制動力配分システム。

SRSはSupplemental Restraint Systemで、乗員保護補助装置。

TCSはTraction Control Systemで、トラクションコントロール。　　　　　　　　　　　　　　　答：(ア) ABS

Point 以前はALBという略し方もあったが、現在ではABSに統一されている。

Question 035

運転席から見て斜め前方に位置する、フロントウィンドウを支える左右両端の支柱のことを何という?

(ア)Aピラー
(イ)Bピラー
(ウ)Cピラー
(エ)Dピラー

解説 ピラー(Pillar)とは支柱のことで、セダンでは通常3本でルーフを支える形をとる。前から順番にAピラー、Bピラー、Cピラーと呼ぶ。

Bピラーをなくしたピラーレス・ハードトップと呼ばれるスタイルが以前あったが、ボディ剛性などの問題があり、見かけだけピラーがないように見えるピラード・ハードトップに変わっていった。

Cピラーは、リア・クォーター・ピラーとも呼ばれる。

サイドウィンドウの後ろに独立した窓が付けられる場合はいちばん後ろの支柱をDピラーと呼ぶ。これが6ライトと称されるスタイルである。

答:(ア)Aピラー

Point 一般的な前後サイドウィンドウだけのスタイルは、4ライトという。

Question 036

クルマを動かす燃料ではないのは？
(ア) 軽油
(イ) レギュラーガソリン
(ウ) ハイオクガソリン
(エ) 灯油

解説　日本においては、石油系燃料油はガソリン、ナフサ、ジェット燃料、灯油、軽油、A重油、B重油、C重油の8種類に分類される。

ガソリンエンジン車では、レギュラーガソリンかハイオクガソリンを使う。レギュラーガソリン仕様のクルマにハイオクを入れても問題はないが、ハイオク仕様のクルマにレギュラーガソリンを入れるとノッキングを起こし、エンジンを傷める可能性がある。

軽油とは、灯油と重油の中間の留分で、英語で「Diesel Fuel」と呼ばれていることからも明らかなように、主としてディーゼルエンジン用の燃料として用いられる。

ディーゼルエンジン車は灯油でも走行は可能とされるが、法律で禁止されている。　　　　　　　　　　答：(エ) 灯油

Point　これからエネルギー問題が重要となるので、こういった出題が増えると思われる。

Question 037

オートマチック限定免許で運転できないのは？
(ア) AT車
(イ) MT車
(ウ) CVT車
(エ) 2ペダルMT車

解説 AT限定免許が創設されたのは、1991年。AT車の増加を背景に、導入が決まった。日本の乗用車のAT比率は90パーセントを超えている。

AT限定の意味は、クラッチ操作を必要としないことである。CVTはもちろんのこと、DSG、ティプトロニック、SMGなどの自動MTはクラッチ操作を機械がやってくれるため、ATと同様に扱われる。

クラッチペダルが存在しない2ペダルのクルマであれば、AT限定免許でも運転できる。　　　　　　答：(イ) MT車

Point AT限定免許は、追加の講習を受けることで限定解除することもできる。

Question 038

「初心運転者標識」若葉マークの配色で正しいのは？

| (ア)左黄色、右緑 |
| (イ)左黄色、右青 |
| (ウ)左緑、右黄色 |
| (エ)左青、右黄色 |

解説 1972年に制定された制度で、通称初心者マーク、あるいは若葉マーク。左が黄色、右が緑で、道路交通法で定められている。

運転免許取得後1年間は、このマークを車両に貼っておく義務がある。表示を怠った場合には反則金4000円と点数1点減点の罰則が課せられる。

ほかに、年齢70歳以上の人が表示する高齢者運転標識（高齢者マーク）、肢体（手足）不自由であることを理由に当該免許に条件を付されている人が表示する身体障害者標識（身体障害者マーク）も存在する。ただし、上記ふたつの標識の表示は努力義務であり、表示しないことによる罰則等はない。

この3つの標識を表示している普通自動車に対して無理な「幅寄せ」「割り込み」を行った場合は、道路交通法違反となる。

答：(ア)左黄色、右緑

Point 高齢運転者標識は、左がオレンジ色、右が黄色。

Question 039

次のうち、正しい文章は？

(ア) T型フォードは日本で生産されていたことがある

(イ) 日本で自動車の生産が始まったのは、戦後のことである

(ウ) トヨタはフォードのノックダウン生産を行った

(エ) いすゞは戦前から乗用車を製造していた

解説　日本では戦前に快進社や白楊社が自動車の開発・製造を行っていた。トヨタの前身である豊田自動織機製作所や日産の前身であるダットサン商会なども設立されている。

ノックダウン生産も行われていて、1925年にはT型フォードの組み立てが始まっている。

戦前はトラック製造を行っていたいすゞ自動車はルーツ・グループと提携し、1953年からヒルマン・ミンクスの生産を開始する。

トヨタは海外メーカーと提携をせず、独自の開発を進めた。

答：(ア) T型フォードは日本で生産されていたことがある

Point　戦後の自動車工業はゼロから始まったわけではなく、戦前にもさまざまな試みがあった。しかし、戦争によって停滞を余儀なくされたのである。

Question 040

1960年当時の日野ルノーの値段は？
（ア）6万2500円
（イ）62万5000円
（ウ）162万5000円
（エ）262万5000円

解説 ルノー4CVは、1946年から生産が始まったモデルで、750cc直列4気筒エンジンを搭載した4ドアセダン。本国では大衆車という位置づけだったが、日本ではまぎれもない高級車として扱われた。

1960年の日野ルノーの価格は、62万5000円。当時の大卒初任給の平均が1万5700円だったので、普通のサラリーマンに買える金額ではない。

個人所有は少なく、タクシーとしての使用が大部分を占めた。　　　　　　　　　　　　　　答：（イ）62万5000円

Point 1958年に発売されたスバル360の販売価格は42万5000円だったが、それでも簡単に手の届くものではなかった。

Question 041

ガソリンエンジンに比べた場合、ディーゼルエンジンに関する記述で正しいのは？
(ア) 軽量化しやすい
(イ) 圧縮比を高くしやすい
(ウ) 回転数を高くしやすい
(エ) 大排気量に向かない

解説 ディーゼルエンジンは点火プラグを持たず、自己着火を利用するため、圧縮比を高くできる。

そのため強度と剛性を高める必要があり、どうしても大きく重くなりやすい。ターボチャージャーを装着することがほとんどなので、さらに大きくなる。

ガソリンエンジンは燃焼の際に炎の伝播を必要とするため、燃焼室を一定以上に大きくすることができない。しかしディーゼルは拡散燃焼なのでその心配がなく、大型化に向いている。

ディーゼルエンジンは高回転にするのが難しい分、低回転域での大トルクが得られるようなセッティングにしている。

答：(イ) 圧縮比を高くしやすい

Point ディーゼルエンジンは、環境問題にも関わってくる注目の課題。何らかの形で出題される可能性は高い。

Question 042

| トヨペット・クラウンの兄弟車として同時に発表され |
| たモデルの名は? |
| (ア)キング |
| (イ)ソルジャー |
| (ウ)マスター |
| (エ)スレイブ |

解説 　1955年にデビューしたトヨペット・クラウンは、純国産の高級車。1500ccの直列4気筒OHVエンジンに3段マニュアルトランスミッションを組み合わせ、後輪を駆動した。

同時に発売されたのが、兄弟車のマスターである。自家用を前提としたクラウンと違い、タクシー用途を想定して耐久性を重視し、前輪にも固定軸を採用していた。

しかし、市場ではタクシーでもクラウンが人気となり、短期で生産中止となった。　　　　　　　　　答：(ウ)マスター

Point 　日本の高級車の元祖ともいえるクラウンは、重点項目。

Question 043

次のうち、サスペンションの機能ではないものは？

（ア）ロールを抑制する
（イ）衝撃を吸収する
（ウ）制動する
（エ）操縦安定性を確保する

解説　路面には凹凸があり、それがそのまま車体に伝わったのでは乗員は激しい揺れに悩まされるし、クルマが安定した姿勢を保つことができない。

タイヤが変形することによってある程度は衝撃が吸収されるが、それだけでは十分ではない。サスペンションは、スプリングで衝撃を受け止めて和らげる働きをする。スプリングの振動はダンパーが抑制する。

車輪のガイド機構が車体の姿勢を保って操縦安定性を確保している。ロールやピッチングを抑えるのも、サスペンションの重要な働きである。

車輪を路面に対して押し付ける働きが駆動力や制動力を保つのに役立つが、制動そのものの機能はサスペンションにはない。

答：(ウ) 制動する

Point　走る、止まる、曲がるの基本性能がどうやって得られているのか、今一度確認しておこう。

Question 044

「ボクサーエンジン」とは何を指すか？

（ア）高回転エンジン
（イ）高出力エンジン
（ウ）省燃費エンジン
（エ）水平対向エンジン

解説 ボクサーエンジンとは、文字通りボクシングの動きにたとえた表現である。

向かい合ったシリンダー内でのピストンの動きがボクシングのパンチに似ているので、水平対向エンジンのことを俗にこう呼ぶ。

上下高を短くしやすいので、重心を低くできるという利点がある。

現在乗用車でこの型式のエンジンを採用しているのは、ポルシェと富士重工だけである。

答：(エ) 水平対向エンジン

Point 一つのシリンダーの中でピストンが向かい合う対向ピストンエンジンとは区別する必要がある。

Question 045

1955年に通産省が計画したモータリゼーションのプランの名は？

(ア) 愛国車試案
(イ) 国産車企画
(ウ) 国民車構想
(エ) 自動車倍増計画

解説 1955年に当時の通産省は、乗用車を国民に広めるための計画を立案していた。エンジン排気量が350～500cc、4人乗り、最高速度100km/h、価格25万円以下などという内容で、国民車構想と呼ばれた。

実際には構想は発表されなかったが、軽自動車の開発を後押しする形となった。

1960年には池田内閣が所得倍増計画を発表し、日本は高度成長時代に突入していく。　　　答：(ウ)　国民車構想

Point 国民車構想では必ずしも軽自動車の枠内に収める必要はなく、実際に販売されたクルマが構想の条件を満たしているわけではない。

Question 046

エンツォ・フェラーリが若い頃テストドライバーとして働いた自動車メーカーは？
(ア)ランチア
(イ)アルファロメオ
(ウ)メルセデス・ベンツ
(エ)ベントレー

解説 エンツォ・フェラーリはテストドライバーとして1920年にアルファロメオに入社した。1929年にスクデリア・フェラーリを設立し、アルファロメオのレース活動を指揮することになる。

後に上層部と衝突して袂を分かち、1947年に初めてのフェラーリとなるティーポ125を発表した。

1951年のイギリスGPでアルファロメオを破って優勝し、「私は母親を殺してしまった」と語ったといわれる。

答：(イ)アルファロメオ

Point 戦後のフェラーリの活動は戦前のアルファロメオを受け継いでいることを押さえておく。

Question 047

次のうち、MTに使われない部品は？

(ア)トルクコンバーター
(イ)クラッチ
(ウ)ダイヤフラム・スプリング
(エ)シンクロメッシュ

解説 トランスミッションとは動力伝達装置の一つで、車速に応じて減速比を調節し、回転数とトルクをコントロールする。

変速を手動で行うマニュアルトランスミッションでは、クラッチペダルを使って動力の伝達を切り、エンジンと駆動輪の回転数を合わせてギアを切り替える。

ダイヤフラム・スプリングでフリクションディスクを押し付けることによって、動力を伝達する。ギアを噛み合わせるためには回転速度を合わせる必要があり、シンクロメッシュ機構がそれを行っている。

オートマティック・トランスミッションでは、流体で動力を伝えるトルクコンバーターを用いており、スリップさせながら変速操作を自動化している。　　答：(ア)トルクコンバーター

Point CVTも自動で変速するが、トルクコンバーターと遊星ギアを用いたATとは異なる機構を使っているため、区別して扱う。

Question 048

ホンダが初めて発売した4輪車は？
（ア）N360
（イ）T360
（ウ）S360
（エ）S500

解説　2輪では世界的なメーカーとなっていたホンダは、4輪への進出を図っていた。1962年の全日本自動車ショーにS360を出展し、軽自動車のスポーツカーでデビューすると思われたが、このモデルは市販されなかった。

実際に発売されたのはS500（1964年）で、その後S600、S800と発展していくことになる。

しかし、ホンダ初の4輪車はS500ではなかった。S360用に開発されたDOHCエンジンをミドに搭載した軽トラックのT360が1963年に発売されていたのである。

N360は、1967年に発売された前輪駆動の軽乗用車。

答：（イ）T360

Point　トラックに4連キャブを装備して高回転を追求したというのが、ホンダらしいエピソードである。

公式問題集／3級

Question 049

車体の後部が沈んで前部が浮き上がるのは、どんな時？
(ア) 加速時
(イ) 減速時
(ウ) 旋回時
(エ) 停止時

解説 クルマが運動することによって生じる力はすべてタイヤが接地する点で作用するが、クルマの重心は必ず地面より高い位置にある。それで、クルマが運動するとそれにともなって姿勢変化が生じる。

加速すると車体の後部が沈み込み、減速すると逆に前部が沈む。旋回する時には、車体は外側に傾く。

この荷重移動を受け止めて車体を安定させる働きを持つのがサスペンションである。　　　　　　答：(ア) 加速時

Point 走る、曲がる、止まるはクルマの基本的な性能。どのパーツが関わっているか、確認しておきたい。

Question 050

1970年代に問題になった公害で、自動車の排ガスが大きな原因となったといわれるものは？

| (ア)生化学スモーク |
| (イ)光化学スモッグ |
| (ウ)現象学スノッブ |
| (エ)天文学スパーク |

解説　1970年代に猛威を振るった公害が、光化学スモッグだった。工場から出る汚染物質に加え、自動車の排ガスが大きな原因となっていた。

窒素酸化物や炭化水素などが紫外線の作用で化学反応を起こし、有害物質の光化学オキシダントを生成する。それによって、目やのどの痛み、頭痛などが引き起こされて社会問題となっていた。

公害対策が進み、自動車の排ガス規制も厳しくなったのでほとんど発生しなくなっていたが、2000年代に入って再び増加の傾向にある。　　　　答：（イ）光化学スモッグ

Point　2000年代に入ってからの光化学スモッグは自動車が原因ではなく、中国から流れてきた汚染大気によるものといわれている。

Question 051

ジウジアーロがデザインし、FFハッチバックを確立させたといわれるクルマは？

(ア)フィアット500
(イ)フォード・レーザー
(ウ)フォルクスワーゲン・ゴルフ
(エ)ホンダ・シビック

解説 初代ゴルフがデビューしたのは1974年。空冷エンジンをリアに積んで後輪を駆動していた大ヒット作ビートルとは対照的に、FFハッチバックというスタイルを採用した。

スペース効率に優れたパッケージングで、世界中でモダンな2ボックススタイルの小型車の模範となった。ジョルジェット・ジウジアーロの手になるデザインは、今も傑作とされている。

その後ゴルフはモデルチェンジを重ね、2003年に5代目となっている。FFハッチバックというスタイルは変わらないものの、ボディはかなり大型化した。

答：(ウ) フォルクスワーゲン・ゴルフ

Point ビートルの本国での生産が中止されたのは、1978年。ゴルフと並行して作り続けられていた。

Question 052

1980年に1か月だけ人気車のカローラの販売台数を抜き、カー・オブ・ザ・イヤーを受賞したクルマは？
(ア)ホンダ・シティ
(イ)三菱ギャラン
(ウ)いすゞピアッツァ
(エ)マツダ・ファミリア

解説 1980年に発売された5代目マツダ・ファミリアは、ゴルフと同じFFハッチバックスタイルを取り入れていて、大ヒット作となった。

トヨタのカローラが全盛を誇っていた時期だが、ファミリアは1か月だけ販売台数1位を獲得する。イメージカラーから「赤いファミリア」と呼ばれて、若者文化の象徴的存在となった。

この年始まった日本カー・オブ・ザ・イヤーの初の受賞車となっている。

答：(エ)マツダ・ファミリア

Point 量産開始から27か月で100万台を生産し、世界最短記録を塗りかえた。

Question 053

タイヤ1本が路面と接地している面積はどのくらい？
(ア)鉛筆1本
(イ)切手1枚
(ウ)ハガキ1枚
(エ)400字詰め原稿用紙1枚

解説　タイヤは円筒形なので、路面に接地しているのは常にごく一部だけ。その面積は、タイヤ1本あたりハガキ1枚分ほどしかない。

車重が2トンだとすると、そのハガキ1枚で500キロもの重量を支えることになる。

したがって、空気圧や溝の残存率など、タイヤの状態を常にチェックしておくことが、安全なドライビングの第一歩となる。

答：(ウ)ハガキ1枚

Point　タイヤの幅の広さで多少は変わるものの、わずかな面積で重いクルマを支えていることを頭に入れておきたい。

Question 054

クルマの排出ガスの中で、地球温暖化のもっとも大きな原因となっているとされる物質は？
(ア) 炭化水素
(イ) ダイオキシン
(ウ) 一酸化炭素
(エ) 二酸化炭素

解説 排ガス規制では炭化水素、窒素酸化物、一酸化炭素などが削減の対象となってきたが、現在大きな問題となっているのが二酸化炭素。

地球温暖化を促進する温室効果ガスのひとつとされ、規制が厳しくなってきた。日本では、2015年までに二酸化炭素の排出を23.5パーセント削減するという規制が策定されている。これは燃費でいえば16.8km/ℓに相当する。

二酸化炭素はメタンなどと比べれば温室効果は高くないが、量が多いために温暖化の主原因であるといわれている。

答：(エ) 二酸化炭素

Point 京都議定書の数値目標も環境問題では重要な事項。

Question 055

ガソリンエンジン車やディーゼルエンジン車でブレーキを踏むと、走行エネルギーは何に変換される？

(ア)位置エネルギー
(イ)熱エネルギー
(ウ)質量エネルギー
(エ)太陽エネルギー

解説　ハイブリッド車や電気自動車などでは、回生ブレーキを装備することで、走行エネルギーを電力に変換する。これを溜めておいて加速時にモーターを回すことで、エネルギーを再使用できる。

一般的なクルマでは、ディスクブレーキやドラムブレーキで摩擦力を使って制動する。

この時、ブレーキディスクやブレーキドラムは摩擦によって発熱する。つまり、走行エネルギーは熱エネルギーに変換されているわけだ。

この熱エネルギーは大気中に発散されて、再利用することはできない。

答：(イ)熱エネルギー

Point　ブレーキが過熱すると走行エネルギーを熱エネルギーに変換できなくなる。摩擦係数が低下してブレーキが効きにくくなり、これをフェード現象と呼ぶ。

Question 056

水冷エンジンにあって、空冷エンジンにないものは？

(ア)オイルポンプ
(イ)吸気バルブ
(ウ)ラジエター
(エ)ピストン

解説 空冷エンジンは構造が簡単で安価であり、水漏れの心配がない。しかし、騒音や排ガス浄化などの面で問題が多く、現在ではほとんど採用されなくなっている。

水冷エンジンはエンジンブロックにウォータージャケットをめぐらせ、冷却水を循環させることでエンジンの過熱を防いでいる。

熱せられた水はラジエターに送られて空気冷却されて水温を下げられ、ウォーターポンプで再度エンジンに送られる。

答：(ウ)ラジエター

Point 空冷エンジンのクルマではポルシェ911が有名だったが、やはり排ガス問題などを解決できず、993型を最後に水冷に切り替えられた。

Question 057

アルミホイールを装着するには、自分のクルマのボルト穴の距離が対応していないと装着できない。そのボルトの距離を表しているものはどれ？
(ア) ESC
(イ) PCD
(ウ) FIA
(エ) EBD

解説

PCDとは「Pitch Circle Diameter」の略で、ボルトの穴を結んだ円の直径を表している。

ESCは「Electronic Stability Control」の略で、電子制御横滑り防止装置のこと。

FIAは「Federation Internationale de l'Automobile」の略で、国際自動車連盟のこと。

EBDは「Electronic Brake-force Distribution」の略で、電子制御制動力配分装置のこと。

答：(イ) PCD

Point

自動車用語にはアルファベット3文字から4文字の略語が多くややこしいが、代表的なものは覚えておきたい。

Question 058

前輪駆動のクルマに関して正しいのは？

(ア)アンダーステアになりやすい
(イ)車体が大きくなりやすい
(ウ)乗り心地が悪くなりやすい
(エ)燃費が悪くなりやすい

解説 　前輪駆動車はスペース効率がいいので、キャビンを広くできるという利点がある。また、プロペラシャフトが必要ないので、フロアがフラットになる。

駆動系がコンパクトになって伝達効率も高いため、燃費がよくなる傾向がある。

デメリットとしては、重量物がすべて前に集中してしまうので、重量バランスが悪くなるということがある。

また、前輪が駆動輪と操向輪を兼ねるため、二つの仕事を同時にこなさなくてはならない。前後の摩擦力を駆動に使い、左右の摩擦力を操向に使う。タイヤの摩擦力には限界があるため、駆動力が大きくなると、操向に使う摩擦力が足りなくなる。

だから旋回中に急加速すると、操向ラインが外側にふくらんでいくことになる。　答：(ア)アンダーステアになりやすい

Point 　FFはアンダーステア傾向、FRはオーバーステア傾向と覚えておく。

Question 059

トヨタS800について、間違っている記述は？

(ア)着脱式のトップを持つ
(イ)空冷2気筒エンジンを搭載した
(ウ)ホンダS600より軽い
(エ)4人乗りである

解説 　当初パブリカ・スポーツの名で開発が進められていて、大衆車であるパブリカとエンジン・シャシーを共用している。

空冷水平対向2気筒エンジンを搭載し、パワーは小さかったがモノコック構造を採用して車重を580kgに抑え、俊敏な運動性能を得た。車重は重いものの高回転高出力のエンジンを搭載したホンダS600とは、サーキットでも好敵手となった。

2人乗りで、着脱式のルーフを持つ。

答：(エ)4人乗りである

Point 　ホンダのエスロク、エスハチに対し、ヨタハチの愛称で親しまれた。

Question 060

ガソリンに比べた場合、軽油の性質で正しいのは？
（ア）沸点が低い
（イ）気化しやすい
（ウ）自己着火しやすい
（エ）硫黄分が少ない

解説　原油は蒸留することによって、沸点の高低でさまざまな石油製品に分けられる。

ガソリンは沸点が低い（揮発性が高い＝気化しやすい）部分で、軽油は沸点が高い。さらに沸点の高いものが、重油である。

軽油の着火点はガソリンよりも低く、その着火性のよさを生かしてディーゼルエンジンに使用される。

軽油には硫黄分が多く含まれ、それが粒子状物質（PM）を発生させるという問題を抱えていた。しかし、硫黄分を減少させた低硫黄軽油が流通するようになり、状況は改善されつつある。　　　　　　　　　　答：（ウ）自己着火しやすい

Point　沸点が低いのは気化しやすい、沸点が高いのは気化しにくい。ややこしいが、間違えないように。

Question 061

ゴットリープ・ダイムラーが初めて作ったエンジン付きの乗り物は？
(ア) 2輪車
(イ) 3輪車
(ウ) ボート
(エ) 飛行船

解説 1883年に4ストロークエンジンを完成させていたゴットリープ・ダイムラーとヴィルヘルム・マイバッハは、その後もエンジンの軽量化を目指して研究を続けていた。1885年には、重量出力比が80kg/psという軽量なエンジンを開発する。

ようやく可搬性のあるエンジンが手に入ったわけだが、それを初めて搭載したのは、木製の2輪車ニーデルラートだった。ゴットリープの長男パウルがテスト走行し、3kmを走って最高速12km/hを記録した。

翌1886年には、馬車にエンジンを取り付けた最初の4輪車を作っている。

答：(ア) 2輪車

Point カール・ベンツが作った最初のクルマは3輪車であった。

Question 062

自動車部品の標準化を成し遂げたヘンリー・マーティン・リーランドが、若き日に働いて「限界ゲージ法」を学んだのは？

(ア)造船所
(イ)パン屋
(ウ)缶詰工場
(エ)銃器工場

解説 　初めて部品の標準化を達成したのはキャデラックで、1908年のことである。

　それまでのクルマは、1台ずつ部品を調整しながら組み立てられていた。しかし、それでは大量生産することはできないし、壊れるたびにそれぞれのクルマに合わせて部品を作らなくてはならない。

　キャデラックを生んだヘンリー・マーティン・リーランドは、若い頃銃器工場で働き、精密な機械加工を学んでいた。銃は口径と弾の規格が完全に一致していることが重要である。規格がまちまちだと、弾が飛ばないばかりか、銃身が爆発する危険もある。銃器工場で採用されていた限界ゲージ法という部品標準化の方法を、自動車製造にも応用したのである。

答：(エ)銃器工場

Point 　リーランドは後にリンカーンを生み出している。つまり、アメリカの二大高級車の生みの親なのである。

Question 063

LSDと略称される装置は、次のうちどれのことか。

| (ア) 差動制限装置 |
| (イ) 可変吸気システム |
| (ウ) 無段変速機 |
| (エ) 可変管長機構 |

解説　自動車には横幅があるため、カーブを曲がる時に内輪と外輪の間に速度差が生じる。その差を吸収しながら駆動輪に同じだけのトルクを伝達するために、差動装置（ディファレンシャル）が使われている。

この装置がないと、自動車はカーブをスムーズに曲がることができない。ただ、片方の車輪が空転した場合、他方の車輪にも駆動力が伝わらなくなってしまう。

これを解決するために、差動を制限して空転を防止するのが、Limited Slip Differential、略してLSDである。これによって、滑りやすい路面での走行に安定性をもたらすことができる。　　　　　　　　　　答：(ア) 差動制限装置

Point　差動装置は2WDでは左右の回転差に対して作用するが、4WDでは前後の回転差にも対応する。

Question 064

燃料電池車が排出する物質は?
(ア) 一酸化炭素
(イ) 二酸化炭素
(ウ) オゾン
(エ) 水

解説 電池という名前が付けられているが、化学反応を用いて発電するのが燃料電池である。

燃料として使用するのは水素(H_2)と酸素(O_2)で、化合してできるのが水(H_2O)である。要するに、水の電気分解の逆の過程だと考えればわかりやすい。

ただ混ぜ合わせれば反応が起こるわけではなく、触媒が必要となる。白金が使われるが、きわめて高価な物質であり、代替物質の研究が進められている。　　　答:(エ)水

Point 燃料電池は自動車の動力として使われるだけではなく、住宅用のシステムやパソコンの電源などの用途も研究されている。

公式問題集／3級

Question 065

T型フォードに関して、間違っている記述は？

(ア) ボディタイプは1種類しかなかった

(イ) 発売時の価格から3分の1まで下がった

(ウ) 一時は地球上のクルマの3分の1が T型となった

(エ) 累計総生産台数は1500万台を越えた

解説　1908年に発表されたT型フォードは、初年度から1万台を生産するヒット作となった。幌を備えたツーリング型が主流だったが、クローズドボディのモデルも販売されている。

コンベアラインを取り入れた工場では流れ作業で生産性を上げていき、最盛期には年産75万台に達した。地球上の全自動車の3分の1がT型フォードになった時期さえある。

生産性の向上で価格も下がっていき、発売当初の850ドルから、最廉価モデルは265ドルにまでなった。

累計生産台数は、1500万7033台である。

答：(ア) ボディタイプは1種類しかなかった

Point　生産性を上げるために、ボディカラーが黒一色になった時期もある。

Question 066

時速100kmで走行している時、3秒で進む距離は？
（ア）33m
（イ）83m
（ウ）133m
（エ）183m

解説 時速100kmということは、秒速に換算するとどうなるか。

10万m（100km）を3600秒（1時間）で割ると、約28mということになる。3秒では約83m進むわけである。

高速道路では、一瞬目を離しただけのつもりでも、思いがけず長い距離を進んでしまう。脇見運転が厳禁なのが、こうして数字にしてみるとよくわかる。

危険を避けるためには、高速道路では直前のクルマを見るのではなく、500mほど先を見て予測しながら運転することが大切である。　　　　　　　　　　答：（イ）83m

Point 簡単な計算問題が出題されることもある。複雑な方程式が必要なものではないので、落ち着いて解けば大丈夫。

公式問題集／3級

Question 067

ベンツ社が1899年までに約1000台製造した、ヨーロッパ初の量産車は？
(ア)ヴィクトリア
(イ)ヴェロ
(ウ)ヴィザヴィ
(エ)フェートン

解説 カール・ベンツが1886年に初めて走らせた3輪車は、少数だが実際に販売された。

その後、4輪車のヴィクトリアを発売し、さまざまなボディタイプを作った。

その成功を受けて、1894年に発表したのが、ヴィクトリアを小型化したヴェロである。

1899年までに1000台以上が生産され、ベストセラーとなった。ドイツ国内で販売されたのはその3分の1で残りはフランスなどに輸出された。

ヴィザヴィとフェートンは、ともに初期自動車のボディ形式である。

答：(イ)ヴェロ

Point ヴェロは自転車を表す言葉からとられていて、軽便であることから名付けられた。

Question 068

篠塚建次郎に関しての記述で、間違っている記述は？

(ア)パリダカには三菱車のみで参戦した

(イ)パリダカ初参戦のときは俳優・夏木陽介のサポート役だった

(ウ)パリダカ総合優勝当時、三菱の社員だった

(エ)WRCでも優勝している

解説　大学生時代からラリーで活躍していた篠塚建次郎は、三菱自動車社員となってWRCに参戦。1991年に、コートジボワールで初優勝した。これは、日本人として初の快挙である。

一方でパリ〜ダカール・ラリーにも参戦していて、初挑戦は1986年のことだった。このときは俳優の夏木陽介のサポート役という立場だった。

本格的な挑戦は翌1987年からで、いきなり総合3位に入賞する。優勝したのは1997年で、初挑戦から12年目のことだった。

その後2002年に総合3位を獲得したあと三菱を退社し、2003年からは日産チームから参戦した。

答：(ア)パリダカには三菱車のみで参戦した

Point　篠塚が初優勝した時に総合4位だったのが、今も三菱から参戦している増岡浩である。

公式問題集／3級

Question 069

ホイールベースとは、どの部分のこと？

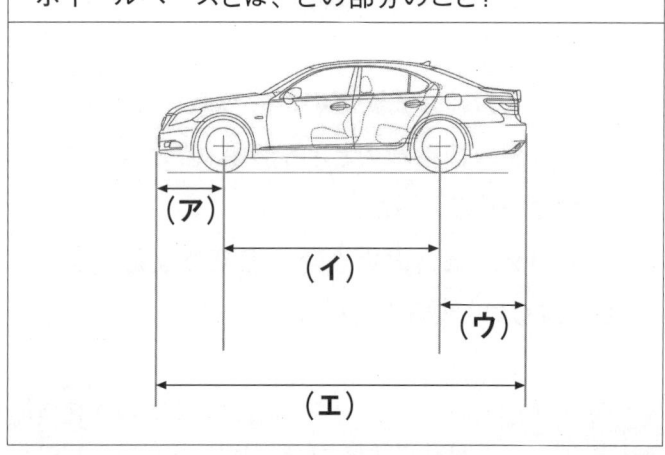

(ア) (イ) (ウ) (エ)

解説 ホイールベースとは、前後の車輪の中心の間の距離をいう。

この部分の長さは、クルマのさまざまな性質に関わってくる。まず、ホイールベースが長ければ、室内のスペースを広くとることができる。

ホイールベースを長くとれば必然的に前後のオーバーハングが短くなり、デザイン面でクルマの印象を大きく左右する。

乗り心地の面では、ホイールベースが長ければピッチングが抑えられる効果がある。しかし、小回りという点においては、不利な条件となる。　　　　　　　　　　　答：(イ)

Point 自動車のサイズを紹介する際、全長、全幅、全高とともにホイールベースの数値が表記される。それだけ重要な意味を持っているわけだ。

Question 070

1895年に開催され、パナール・ルヴァソールが1着となった史上初の本格的自動車レースは？

(ア) パリ-ルーアン・トライアル

(イ) パリ-ボルドー-パリ

(ウ) 第1回ACFグランプリ

(エ) インディアナポリス500マイルレース

解説 1894年に行われた史上初のモータースポーツ・イベントが、「パリ-ルーアン・トライアル」である。ただしこれはレースではなく、さまざまな原動力が試みられる中で、どれが最も自動車に向いているかを探るためのイベントだった。

翌1895年、より本格的なレースを行いたいという参加者が集まって、パリ-ボルドー往復レースが行われる。その主催者が後にACF（オトモビル・クルブ・ド・フランス）となり、1906年にルマン・サーキットで世界初のグランプリレースを開催する。

インディアナポリス500マイルレースは、1911年に始まったアメリカのインディアナポリス・モーター・スピードウェイで開催されるレースである。

答：(イ) パリ-ボルドー-パリ

Point パリ-ルーアンとパリ-ボルドー-パリは混同しやすいが、レースはパリ-ボルドー-パリと覚えておく。

Question 071

ETCゲートを通過する際に推奨される速度は？
（ア）20km/h以下
（イ）40km/h以下
（ウ）60km/h以下
（エ）80km/h以下

解説 ETCレーンを通過する際には、ETCシステム利用規程により20km/h以下に速度を落として進入するように定められている。

カードの入れ忘れ、機器の故障などで、開閉バーが開かないことが考えられるが、その場合にバーを破損させてしまうと修理代を請求されることにもなる。

また、レーンを横断する係員との人身事故が発生したこともあり、安全速度での通行が強く求められる。

一般レーンを通るクルマと混走することになるため、安全確認を十分にする必要がある。　　　　答：（ア）20km/h以下

Point ETCレーンを通過した後は、流れに乗るために速やかに加速すること。

Question 072

ESCと同じものを意味するのは？
(ア) VDC
(イ) ETC
(ウ) ECU
(エ) HID

解説　ESCはElectronic Stability Controlの略で、電子制御横滑り防止装置のことを指す。

車両の安定を図る電子制御としては、ブレーキ時の車輪ロックを防ぐABSや加速時に駆動輪が空転するのを防ぐトラクションコントロールがあった。各種電子デバイスを統合制御して、よりきめ細かいコントロールを実現するのが最近の傾向である。

オーバースピードでコーナーに進入したり、駆動力をかけすぎたりした場合に、ある程度までは車両の安定性を取り戻すことができる。

VDC (Vehicle Dynamics Control)、VSC (Vehicle Stability Control) などさまざまな呼び名があるが、機構としては基本的に同じである。　　　　答：(ア) VDC

Point　ETCは (Electronic Toll Collection System)、ECUは (Engine Control Unit)、HIDは (High Intensity Discharge)。

Question 073

次のうち、温室効果ガスに含まれないのは？
(ア) 酸素
(イ) 二酸化炭素
(ウ) メタン
(エ) 水蒸気

解説 過去100年で地球の平均温度は0.7度上昇していて、これは温室効果ガスの増加によるものだといわれている。大気中にあって地表からの赤外線放射をブロックすることによって、冷却を妨げているわけだ。

温室効果ガスとされるものにはたくさん種類があって、その中でも自動車の排ガスとの関連で注目されているのが二酸化炭素である。

ただし、温室効果の強さでいえば、メタンは二酸化炭素の20倍以上である。

意外にも水蒸気も温室効果ガスの一つだが、人為的にコントロールすることは難しい。　　　　　　　　答：(ア) 酸素

Point 地球温暖化は単に暖かくなるということではなく、干魃や洪水、また台風やハリケーンなどの巨大化も引き起こすといわれる。

Question 074

2007年5月の段階で、トヨタが発売したハイブリッド車の累積台数は？
（ア）約1万台
（イ）約10万台
（ウ）約100万台
（エ）約1000万台

解説 1997年のプリウス発売からわずか10年で、ハイブリッド車の累計販売台数が100万台を突破したとの発表があった。

現在トヨタでは、エスティマ、アルファード、ハリアー、レクサスLSなどのハイブリッド車を販売しているが、やはりプリウスが販売台数では圧倒していて、約4分の3を占めている。

2010年にハイブリッド車の年間販売台数を100万台に拡大するという計画もあり、市場規模として十分に大きなものになりつつある。

答：（ウ）約100万台

Point 日々のニュースの中で、自動車会社の製品や将来の計画などが扱われることが多い。最新の情報も出題される可能性があるので、しっかりアンテナを張り巡らせておきたい。

Question 075

1912年に世界で初めて電気モーターによるセルフスターターを採用したのはどのメーカーか。

| (ア)ロールス・ロイス |
| (イ)メルセデス・ベンツ |
| (ウ)プジョー |
| (エ)キャデラック |

解説 かつて、エンジン始動は危険な行為だった。大きなクランクを力一杯回してピストンを動かしてやらなくてはいけなかったのである。

大きな力が必要だっただけではなく、クランクが逆転して腕や顎の骨を折ることすらあった。

現在ではイグニッションキーを回すかスタートスイッチを押すかすればエンジンがかかるのが当たり前だが、これを初めて実現したのは1912年のキャデラックだった。

開発したのはチャールズ・F.ケッタリングで、その後にもハイオクタンガソリンを開発するなど、自動車の発展に大きな貢献をした。

答:(エ)キャデラック

Point 電気系統の弱いクルマでは、緊急用にクランクを残しているものもあり、完全に姿を消したのは1960年過ぎである。

Question 076

次の行為のうち、エコドライブとはいえないものは?

（ア）ハンドルをクイックに切る

（イ）アクセルをゆっくり操作する

（ウ）冷房の温度設定を高くする

（エ）アイドリングストップを心がける

解説　エコドライブの基本は、すべての操作を無駄なくゆっくりと行うこと。急発進や急ブレーキは、エネルギーを浪費することにつながる。

アクセルをじわじわと踏んでゆっくりと加速し、交通の流れを読んで早めにエンジンブレーキを利用しながらゆっくりと止まる。ストップ＆ゴーの多い市街地では、これを実行するだけで燃費は相当に違ってくる。

信号待ちなどで長く停車するときは、アイドリングストップが有効だ。

冷房でむやみに設定温度を低くしないのが省エネにつながるのは、家やオフィスと同様だ。エアコンのコンプレッサーを回すのに、エンジンの動力をとられてしまうからである。

答：（ア）ハンドルをクイックに切る

Point　普通のクルマに乗っていても、すぐに実行できるのがエコドライブ。要は自覚の問題なのだ。

Question 077

次のうち、カロッツェリアのピニンファリーナが関わっていないクルマは？

(ア)プジョー406クーペ
(イ)アルファロメオ・ジュリエッタ・スパイダー
(ウ)フェラーリF40
(エ)ランボルギーニ・ディアブロ

解説 カロッツェリアの代表的存在ともいえるのが、ピニンファリーナである。

1930年代に、クルマの流線型化を主導したのが、バッティスタ・"ピニン"・ファリーナだった。イタリア国内にとどまらず、国外進出を果たし、イタリアン・デザインを世界中に広めていった。

もっとも有名なのはフェラーリの多くのモデルを担当していることだが、アルファロメオ、マセラティなどにもデザインを提供している。

フランスのプジョーとの関係も深い。日本車も手がけていて、410型のブルーバードなどが有名である。

ディアブロのデザインは、マルチェロ・ガンディーニの手になる。

答：(エ)ランボルギーニ・ディアブロ

Point ピニンファリーナ、ジウジアーロなどの代表作はぜひ記憶しておきたい。

Question 078

2006年に中華人民共和国で販売された自動車台数
(乗用車・商用車)は?
(ア)180万台
(イ)360万台
(ウ)540万台
(エ)720万台

解説　日本では、自動車の販売台数の低迷が続き、軽自動車を除くと2006年まで4年連続で新車販売台数が減少している。

対照的に勢いがあるのは中国だ。2006年の自動車販売台数は720万台を超えている。これは前年度に比べ25％の増加で、WHOに加盟した2001年に販売された台数が273万台だったことを考えると、驚異的な伸びである。

中国だけではなく、BRICsと呼ばれる新興の経済発展国はみな同じ状態で、2006年で見ると、ロシアが+10.6％、ブラジルが+12.4％、インドは+47.9％という増加ぶりである。

答：(エ) 720万台

Point　2010年には、中国は自動車生産台数でも日本を凌駕すると予想されている。

Question 079

1976年、日本で初めてF1が開催されたサーキットは？

(ア)鈴鹿サーキット
(イ)富士スピードウェイ
(ウ)船橋サーキット
(エ)十勝サーキット

解説　1987年からF1日本グランプリは鈴鹿サーキットで開催されてきた。2007年、20年ぶりに舞台は富士スピードウェイに移る。

ただ、日本で初めてF1が行われたのは1976年のことで、その時すでに富士スピードウェイでF1が開催されていたのだ。

スポット参戦ではあったが、高原敬武、星野一義、長谷見昌弘と3人の日本人ドライバーも出走した。

翌1977年にも開催されたが、第1コーナーで大クラッシュ事故が起こり、観客が死亡するという惨事が発生した。それが大きな原因となり、F1は日本から離れ長い空白期間ができてしまった。

答：(イ)富士スピードウェイ

Point　日本でF1人気が高まったのは、ホンダが参戦して中嶋悟が活躍した1980年代後半なので、鈴鹿が日本初開催だと勘違いしてしまいそう。

Question 080

フェルディナント・ポルシェが関わっていない自動車メーカーは？
(ア)アルファロメオ
(イ)ダイムラー・ベンツ
(ウ)チシタリア
(エ)アウトウニオン

解説 フェルディナント・ポルシェはVWビートルの設計が有名だが、スポーツカー、レーシングカーはもちろん、航空エンジンや戦車まで手がけた万能のエンジニアである。関係した自動車会社も多岐にわたった。

1923年、ダイムラー・ベンツ社の技術部長に迎えられたポルシェは、Sシリーズなどを開発する。その後同社を離れ、1930年に自身の設計事務所を設立する。

そこでアウトウニオンのために設計したグランプリカー「Pヴァーゲン」は、アルファロメオやメルセデス・ベンツと戦って好成績を挙げた。

第二次大戦後にポルシェは戦犯として拘束されるが、100万フランという莫大な保釈金を支払って釈放される。それは、息子のフェリー・ポルシェを中心にチシタリアのためにグランプリカーの設計をすることで確保された。このクルマはPヴァーゲンにルーツを持っている。　　　答：(ア)アルファロメオ

Point ポルシェは、拘束中にルノー4CVの設計にアドバイスを求められたといわれる。

Question 081

シリーズ方式のハイブリッド車について、正しい記述は？

(ア) 仕組みが複雑である

(イ) 加減速がないと成り立たない

(ウ) エンジンは駆動力としては使わない

(エ) エンジンとモーターが並列している

解説 ハイブリッド車には大きく分けて2種類ある。エンジンとモーターの関係で区別し、その二つが並列している方式をパラレル、直列している方式をシリーズと呼ぶ。

パラレル方式ではエンジンは発電を行わず、回生ブレーキによって得られる電力をモーターに供給する。したがって、加減速がなければ成り立たない。

シリーズ方式ではエンジンはもっぱら発電するだけで、駆動はモーターのみが担当するというシンプルな機構である。ただし、高速走行では効率が低いという弱点がある。

答:(ウ) エンジンは駆動力としては使わない

Point プリウスが採用しているのは「シリーズ・パラレル方式」で発電用と駆動用の2つのモーターを持つ。

Question 082

ルマン24時間レースが開催される国は？
(ア)フランス
(イ)ベルギー
(ウ)イタリア
(エ)ドイツ

解説 ルマン24時間レースは、1923年から開催されている歴史ある耐久レース。モナコグランプリ、インディ500とともに世界三大レースと呼ばれているが、世界選手権がかけられているわけではない。

ルマン市は、フランス・ロワール地方の都市。パリの西約200kmに位置する。

その郊外に設けられているのがサルテ・サーキットで、全長は約13kmという長い周回コースである。ただし、スタート／ゴールの地点を除く大部分は、普段は公道として使われている。

ポルシェカーブ、ミュルサンヌなどの名がつけられた場所があることが歴史を感じさせる。その中でも有名なのが、ユノディエールで、6kmにも及ぶストレートである。ただし、あまりに高速となり危険なことから、1990年にシケインが2か所新設された。

答：(ア)フランス

Point ルマンが登場する映画に、『栄光のル・マン』、『男と女』がある。

Question 083

次の写真のうち、ホンダのクルマは？

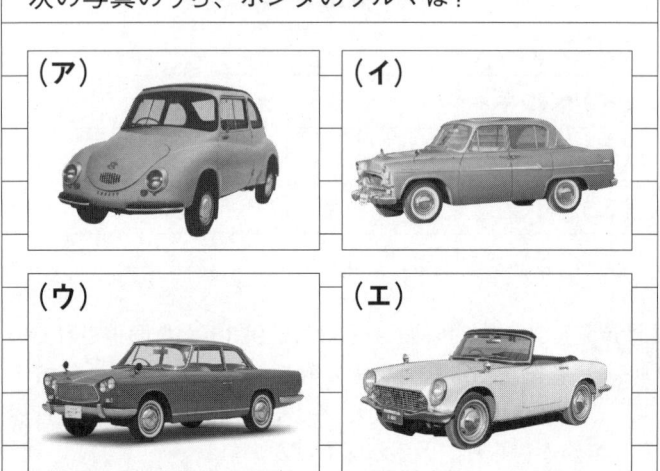

(ア)　(イ)　(ウ)　(エ)

解説
(ア)はスバル360。
(イ)はトヨペット・クラウン。
(ウ)はプリンス・スカイライン・スポーツ。
(エ)はホンダS500。　　　　　　　　　　　　答：(エ)

Point　クルマは名前だけを覚えていても、あまり意味がない。名車といわれるクルマは、本を見たりイベントで実物を見たりして、姿を目に焼き付けておこう。

Question 084

パリ・ダカール・ラリーについて、間違っている記述は？

(ア) WRCの第1戦である
(イ) 1995年からパリスタートではない
(ウ) トラックによる競技もある
(エ) 2001年から三菱が7連覇している

解説 パリ・ダカール・ラリーは、1979年に始まったモータースポーツ・イベントで、アフリカ大陸の砂漠や土漠の道なき道を走って競う。1973年に始まった世界ラリー選手権（WRC）とは別で、「アドベンチャー・ラリークロス」とも呼ばれる。

もともとはパリをスタートしてスペインから海を渡ってアフリカ大陸に移動し、サハラ砂漠を縦断してセネガルのダカールまでを走り抜けていた。しかし、コースは毎年少しずつ変わっており、1995年からはパリでのスタートとはなっていない。

さまざまな車両でクラス分けされていて、2輪部門やトラック部門もある。

21世紀にはいってからは三菱パジェロが圧倒的な力を誇っており、2001年から7回連続で総合優勝を果たしている。

答：(ア) WRCの第1戦である

Point パリスタートではないのだから、現在の名称はダカールラリー。それでも、日本では今でもパリ・ダカの通称で通っている。

Question 085

300psをkwで表すと、次のうち正しい数値はどれか。

（ア）約22.1
（イ）約221
（ウ）約40.8
（エ）約408

解説 psは馬力を表す単位である。文字通り馬一頭の持つ力が1馬力ということになるが、これはあまり厳密な定義とはなり得ない。

たとえば、イギリスとフランスでは、同じ1馬力でも違っていて、1フランス馬力＝約0.986イギリス馬力である。

イギリス馬力はHorse Powerの略でHPと表され、フランス馬力はPferdestärke（ドイツ語）の略でpsと表された。

しかし、国際単位系では仕事率はkWを用いることになっており、psからkWへの切り替えが進んでいる。

1psは0.73kWで、ps表示をkW表示に変えると、少し数字が小さくなるわけだ。　　　　　　　　　　　答：（イ）約221

Point 最大トルクは従来kgmで表していたのがNmに切り替えられている。1kgmは9.8Nmである。

Question 086

ゼネラル・モーターズが1950年代にアメリカで得ていたシェアは？
（ア）約10パーセント
（イ）約25パーセント
（ウ）約50パーセント
（エ）約75パーセント

解説 アメリカの自動車産業の特徴は、早くからメーカーの統合が進んで、いわゆるビッグスリーに統合されたことだ。初期には1500ものメーカーが乱立したが、統合や買収などで、どんどん巨大化していったのだ。

現在の日本の状況と比べれば、統合のスピードがいかに速かったかがわかる。

1950年代、アメリカの自動車産業がピークを迎えていた時には、世界の自動車生産の半分をアメリカが占めていたのだ。そのさらに半分がGMの製品で、つまりGMは世界の4分の1の自動車を作っていたことになる。

今ではGMの世界でのシェアは5パーセントにも満たず、隔世の感がある。　　　　　　　　　　　答：（ウ）約50パーセント

Point 2006年にトヨタは、アメリカでの新車販売でクライスラーを抜いて3位となった。すでにビッグスリーの一角は崩れてしまったのだ。

公式問題集／3級

Question 087

次の略語のうち説明が誤っているものはどれか。

(ア) ABS：オート・ブレーキ・システム
(イ) EPS：エレクトリック・パワー・ステアリング
(ウ) EV：エレクトリック・ヴィークル
(エ) FWD：フロント・ホイール・ドライブ

解説　EPSは電動パワー・ステアリングのこと。よく似た略語にESPがあるが、これはエレクトロニック・スタビリティ・プログラム。

EVは電気自動車。ハイブリッド車や燃料電池車ではなく、純粋に電池だけで動くクルマをいう。

FWDは前輪駆動のことで、RWDが後輪駆動、4WDが四輪駆動である。

ABSはアンチロック・ブレーキ・システムが正しい。

答：(ア) ABS：オート・ブレーキ・システム

Point　ちなみに、4WSはフォー・ホイール・ステアリング、つまり四輪操舵のこと。

Question 088

ゴットリープ・ダイムラーが1872年に工場長として迎えられた大気圧エンジンの会社を経営していたのは?

(ア)ヴィルヘルム・マイバッハ
(イ)カール・ベンツ
(ウ)ニコラウス・アウグスト・オットー
(エ)エミール・イェリネック

解説　フランスのエティエンヌ・ルノワールが作り上げたガス・エンジンは、初めての実用的な内燃機関というべきものだった。しかし、まだまだ効率は低く、多くのエンジニアが改良を図っていた。

その中で、ドイツのニコラウス・アウグスト・オットーが1867年に4ストロークの原理による大気圧式のガス・エンジンを完成させて特許を取った。今もオットーサイクルという名が残っているのは、そのゆえである。

そのエンジンの製造販売のためにオイゲン・ランゲンと共同でガスモトーレン・ファブリーク・ドイツという会社を1872年に設立した。そこにゴットリープ・ダイムラーが工場長として迎えられたのである。　答:(ウ)ニコラウス・アウグスト・オットー

Point　ダイムラーは就任にあたってヴィルヘルム・マイバッハを伴っており、二人で4ストロークエンジンを完成させた。

Question 089

カーブの入口に「50R」という標識があった。これは何を意味する?

(ア)速度が50km/h制限
(イ)コーナーの半径が50m
(ウ)50個目のコーナーである
(エ)上り勾配が50%

解説 Rというのは、Radiusを表していて、これは円の半径のこと。つまり、50Rとはコーナーの半径が50mであることを示している。

鈴鹿サーキットの130Rは半径の大きさをそのまま名称にしていたわけである。レースでは全開のまま抜ける高速コーナーである。

鈴鹿のヘアピンカーブは20Rとタイトで、ここではギアを1速に落としてクリアするのが普通である。ヘアピンカーブは富士スピードウェイでは30R、筑波サーキットでは27Rで、このぐらいの数字だとかなり速度を落とさなければならないことがわかる。

高速道路でも山の中などではこのR表示があるので、しっかり見極めてスピードをコントロールしたい。

答:(イ)コーナーの半径が50m

Point 道路標識には「上り急勾配あり」というものがあり、10%と書いてあれば100m進むと10m上がるということを示している。

Question 090

三元触媒によって浄化・還元されない物質は？
(ア) 一酸化酸素
(イ) 二酸化炭素
(ウ) 炭化水素
(エ) 窒素酸化物

解説　排ガス中の有害物質除去の主役となっているのが、三元触媒である。3種類の有害物質、炭化水素、一酸化炭素、窒素酸化物を同時に処理する。

　一酸化炭素と炭化水素を酸化し、窒素酸化物を還元することで、それぞれを無害な物質に変えて浄化する。そのために必要なのが触媒で、白金、ロジウム、パラジウムなどが使われる。

　処理が有効に行われるためには完全燃焼していることが必要で、排ガス中に酸素が含まれると効率が落ちてしまう。

　したがって、常に排ガス中の酸素を測定して理論空燃比を保つ電子制御燃料噴射装置と組み合わせて使うことが必要である。

答：(イ) 二酸化炭素

Point　三元触媒での需要が増えたために白金の価格が上昇し、宝飾市場でも値上げが行われている。

Question 091

ステアリングホイールの上下方向の傾斜角度を調整する機構の名は？
(ア)テレスコピック
(イ)スライド
(ウ)スタンディング
(エ)チルト

解説 ステアリングホイールの上下方向の傾斜角度を調整するのはチルト(=tilt)機構である。「tilt」とは傾ける、上下に動かすという意味であり、ドライバーが握りやすい角度にステアリングホイールを調整するための装置となる。

ステアリングホイールの位置を調整するには、もうひとつテレスコピック(=telescopic)機構がある。こちらは伸縮できるという意味で、ドライバーとステアリングホイールとの間の距離を調整する装置となる。　　　　　　　答：(エ) チルト

Point チルト機構とテレスコピック機構を混同しているケースが多いので要注意。

Question 092

日産初の前輪駆動車は？
(ア)サニー
(イ)チェリー
(ウ)ダットサン110
(エ)ブルーバード

解説 1970年の10月にデビューした日産チェリーは、同社初となるFF(前輪駆動)車であった。発表前に3か月におよぶ事前告知を行ったことからも、非常に力を入れたモデルであることがわかる。

デビュー当初は2ドアおよび4ドアのセダンのみの設定だったが、後にハッチバック的なリアゲートを備えるクーペも追加される。また、エンジンにはサニー用の1ℓおよび1.2ℓの直列4気筒ユニットを搭載していた。

合理的なFFパッケージングで世界の小型車に影響を与えたフォルクスワーゲンの初代ゴルフが登場したのが1974年であることを考えると、チェリー誕生のタイミングはかなり早かったといえよう。　　　　　　　　　　　　答：(イ)チェリー

Point 国産車初のFFは、スズキのスズライト。こちらもあわせて覚えておきたい。

公式問題集／3級

Question 093

1959年にミニを作ったエンジニアは？
(ア)アレックス・モールトン
(イ)ジョン・クーパー
(ウ)アレック・イシゴニス
(エ)ダンテ・ジアコーザ

解説 1959年から2000年まで、ミニは長きにわたって作り続けられた。その可愛らしい姿が人気を博したことも長寿の理由だが、何よりも画期的で先進的なメカニズムを持っていたことが支持されたのである。

ボディ先端に4気筒エンジンを横置きして前輪を駆動し、小さなボディに4人の大人を乗せて活発に走った。

サスペンションを設計したのは、盟友のアレックス・モールトンである。ラバー・コーンを用いた関連懸架で、コンパクトな構造を持っていた。ミニの独特の運動性と乗り心地は、このサスペンションによるところが大きい。

ミニのコンペティションでの潜在能力を見抜いたのがジョン・クーパーで、チューニングを施したミニ・クーパーが生産されて、ラリーやレースで活躍した。

答：(ウ)アレック・イシゴニス

Point ダンテ・ジアコーザは、フィアット・チンクエチェントを生んだエンジニア。

Question 094

「カーボン・ニュートラル」とされるのはどれ？

(ア) 石炭
(イ) 天然ガス
(ウ) バイオ燃料
(エ) 軽油

解説 有機物を燃焼させると、必ず二酸化炭素が生成される。ただ、トウモロコシやサトウキビから作られるエタノールなどのバイオ燃料は、二酸化炭素の排出と生成がプラスマイナスゼロとなるので、カーボンニュートラルと呼ばれる。

植物が生長する際には大気中の二酸化炭素を吸収して酸素を排出し、残った炭素をエネルギーとして使っているわけだ。だから、カーボンニュートラルなエネルギーは、いくら使っても二酸化炭素は全体として増加しない。

石油、石炭、天然ガスなどの化石燃料も、もとはといえば植物由来で二酸化炭素が固定されたものである。しかしそれは何億年も前のことであり、現状でカーボンニュートラルであるとはいえない。　　　　　　　答：(ウ) バイオ燃料

Point バイオ燃料は食料にもなる植物を原料としているため、価格の高騰で低所得者層に打撃を与えるという側面もある。

Question 095

リアデッキを高くすることによる利点として、正しくないものは？

(ア) 衝突安全性を高める
(イ) トランクルームの容量を拡大できる
(ウ) 空力が改善して燃費がよくなる
(エ) 製造コストが安くなる

解説 セダンのデザインでリアデッキを高くすることがトレンドになっているが、これはただ意匠の新しい提案というだけのことではない。

空気の流れをスムーズにして、走行性能を向上させて燃費も稼ぐという利点が考えられる。

また、後方からの追突に対しての安全性を高めるという意味もある。

トランクの容量が増えるのは、当然のことだ。

コストには直接の関連はない。

(エ) 製造コストが安くなる

Point BMW7シリーズが採用したリアエンドの特徴的な造形は賛否両論あったが、後に似たようなデザインを採用するクルマが登場している。

Question 096

ヴィットリオ・ヤーノがアルファロメオに移籍してわずか数か月で完成させたグランプリカーは？

| (ア) P1 |
| (イ) P2 |
| (ウ) 6C2300 |
| (エ) 8C2300 |

解説　1922年にグランプリ・フォーミュラが排気量2ℓ以下車重600kg以上という規定となり、アルファロメオはグラン・プレミオ・ロメオ、いわゆるP1を製作する。しかし、ヨーロッパGPのテスト中に事故が発生し、P1はお蔵入りとなる。

この危機を救ったのが、フィアットから引き抜かれたヴィットリオ・ヤーノだった。スーパーチャージャー付きの8気筒エンジンを搭載したP2をわずかな期間で作り上げ、1924年にクレモナ・サーキットに姿を現すといきなり優勝し、その後も勝利を積み重ねていく。

グランプリカー以外でも、6C2300や8C2300などのスポーツカーを生み出し、アルファロメオの黄金時代を現出させた。

答：(イ) P2

Point　1932年に生産されたTipoBは「最も美しいシングルシーター」と呼ばれたグランプリカーで、後にP3と名が変わった。

Question 097

次のうち、最も早く発売されたクルマは？
(ア) ポルシェ911
(イ) ホンダS500
(ウ) シトロエンDS
(エ) マツダ・コスモスポーツ

解説 シトロエンDSがパリサロンに現れたのは、1955年のことだった。誰も見たことのない不思議なスタイリングと先進的なハイドロニューマチックを引っさげて登場し、あまりのアバンギャルドぶりが大評判となった。

ポルシェ911が356の後継モデルとしてデビューしたのは1963年のこと。同じ年、日本ではホンダがS500を発表している（発売は翌年から）。

マツダ・コスモスポーツが世界初の2ローターのロータリーエンジン搭載車として登場したのは1967年。同時にトヨタ2000GTも発売された。　　　　　答：(ウ) シトロエンDS

Point 自動車史を見る場合、日本車だけ、ヨーロッパだけというのではなく、合わせて見ておくことが必要。年表などで確認しておこう。

Question 098

このクルマを作ったエンジニアの名は？

(ア) ジョアッキーノ・コロンボ

(イ) サー・フレデリック・ヘンリー・ロイス

(ウ) エットーレ・ブガッティ

(エ) フェルディナント・ポルシェ

解説

写真は、フォルクスワーゲンの試作車である。1934年にヒトラーが提唱した国民車計画に沿って、フェルディナント・ポルシェが開発したのがこのモデルである。実際に生産がスタートしたのは第二次大戦後のことで、タイプ1という名称で販売されてベストセラーとなった。

ジョアッキーノ・コロンボは、ヴィットリオ・ヤーノの弟子で、アルファロメオのレース活動を支えた。サー・フレデリック・ヘンリー・ロイスは、チャールズ・スチュワート・ロイスとともに高級車ロールス・ロイスを作り上げた。エットーレ・ブガッティは、アルザスに自分の名を冠した自動車メーカーを設立したイタリア人で、グランプリではアルファロメオP3と好勝負を繰り広げた。

答：(エ) フェルディナント・ポルシェ

Point

車名とそれを開発したエンジニア、そしてクルマの姿を結びつけて覚えておこう。

Question 099

1968年の日本グランプリに出場したニッサンR381が装備していた「秘密兵器」とは？

(ア) エアロタイヤ

(イ) エアロミラー

(ウ) エアロエンジン

(エ) エアロスタビライザー

解説　1968年の第5回日本グランプリは、TNT、つまりトヨタ、日産、タキ・レーシングの対決が見所となっていた。

トヨタは初めてのプロトタイプカーであるトヨタ7を投入。FIAのグループ7の規定に基づいたマシンである。タキ・レーシングは、ローラT70とポルシェ910で参戦していた。

プリンスR380を受け継いだニッサンR381はシボレー製の5.5ℓV8エンジンを積んでいたが、注目されたのはエンジンではない。可変ウイングのエアロスタビライザーがリアデッキに装備され、異彩を放っていた。左右のウイングを別々に動かし、内側にダウンフォースをかけてコーナリングを容易にするという機構である。

レギュレーション変更により翌年からウイングは禁止され、その勇姿が見られたのはこの年だけである。

答：(エ) エアロスタビライザー

Point　後継モデルのR382はウェッジシェイプとなり、6リッターのV12エンジンを積んだ。

Question 100

次の労働施策のうち、実際にフォード社の行っていないものは？

(ア) 成果主義の導入

(イ) 1日の労働時間を8時間に短縮

(ウ) 週休2日制を導入

(エ) 1929年に労働者の日給を7ドルに引き上げ

解説 フォードが導入したコンベアラインによる流れ作業は、チャップリンが『モダンタイムス』で痛烈に皮肉ったものだった。

しかし、生産性の向上は労働条件の改善を後押しし、年産30万台を超えた1914年には早くも8時間労働制を導入している。

1926年には週休2日制も敷かれ、労働時間の短縮が進んだ。それでいて1929年には日給が7ドルにまで引き上げられ、全国平均の2倍という高給にはうらやむ声が多かった。

答：(ア) 成果主義の導入

Point 大量生産は、製品の価格引き下げという効果ももたらした。

CAR検 2級 模擬問題と解説

CAR検 2級 概要

出題レベル	クルマが大好き、運転大好き、クルマを見ると即座に排気量とサスペンション形式が分かる中級カーマニア
受験資格	車を愛する方ならどなたでも。年齢、経験等制限はありません。
出題形式	マークシート4者択一方式100問。100点満点中70点以上獲得した方を合格とします。

Question 001

トヨタの前身である豊田自動織機製作所の自動車部門が1937年に作ったクルマの名は?

(ア) オートモ号

(イ) ダット号

(ウ) AA型

(エ) T型

解説 後に豊田自動織機を興すことになる豊田佐吉は、1867年に生まれた。1890年に東京で開催された内国勧業博覧会で見た外国製織機からヒントを得て「豊田式木製人力織機」を発明、その後も研究と改良を重ねた。そして1924年に完成した「G型自動織機」は、世界的な評価を受けることになる。

先見の明があった佐吉は、自動車の時代が到来することを予想し、1930年頃から長男の喜一郎に自動車の開発を命じた。そして1936年に最初のモデルであるAA型が完成する。

翌1937年には、豊田自動織機の一部署であった自動車部門が独立し、トヨタ自動車工業株式会社が設立される。1933年にダットサンの生産を開始した自動車製造株式会社(現在の日産)に続いて、ここにひとつの自動車メーカーが誕生した。

答:(ウ) AA型

Point AA型という車名はもちろん、トヨタの母体が豊田自動織機という会社であったことも重要。

Question 002

アメリカ軍の軍用車、ハンヴィーを民生用に仕立てたクルマの名は?

(ア)ハマー
(イ)エスカレード
(ウ)ナビゲーター
(エ)ジープ

解説　1979年、アメリカ軍が発想した軍用車両をAMC(当時)の子会社であったAMゼネラル社が形にした。アメリカ軍の発想とは、泥濘地、砂漠、悪路の急勾配をものともしない、というもの。

いくつかのプロトタイプのテストを経て、1985年から軍用車両としての生産が始まった。そして1991年、兵士たちから絶大な信頼を勝ち得たハンヴィーが市販されることになり、民間人も入手できるようになった。

この軍用車ベースの初代ハマーはH1と呼ばれ、続いてH2はシボレー・タホをベースに、さらに小型のH3はシボレー・コロラドをベースに開発されている。　　　　答:(ア)ハマー

Point　HMMWV(High-Mobility Multipurpose Wheeled Vehicle)がHumveeになったと言われる。

Question 003

スバル360が後期に販売した高性能バージョンの名は？

| (ア)フレッシュSS |
| (イ)ヤングSS |
| (ウ)ファイトSS |
| (エ)ビタミンSS |

解説　1955年4月に通産省（当時）が打ち出した「国民車構想」とは、広く国民に乗用車を普及させる政策。想定されたスペックは、エンジン排気量は350〜500cc、4人乗り、最高速度100km/h、自重400kg以下、価格25万円以下というものだった。

この構想を受けて、スズキ・スズライト・フロンテ360（1955年）、スバル360（1958年）、三菱500（1960年）、マツダR360（1960年）などが登場、後にダイハツやホンダも参入する。

後発組のホンダは、スポーティなホンダN360で参入、このマーケティングが見事に的中し、スバル360から販売台数1位の座を奪う。ここから軽自動車の高出力競争が始まり、スバルは360ヤングSSという高出力モデルを投入した。

答：(イ)ヤングSS

Point　まず国民車構想については打ち出された時期、内容について知っておきたい。また、各車が投入した軽自動車の名称も出題の可能性がある。

Question 004

1990年代に流行し、ファッション性を高めることを主目的にSUVなどに取り付けられた大型バンパーを何と呼ぶ？
(ア)バッファローバー
(イ)カンガルーバー
(ウ)エレファントバー
(エ)ゴリラバー

解説　オーストラリアでは、カンガルーに代表される野生動物との衝突でラジエターが破損することを防ぐために、フロントグリルに保護用の大きなバンパーを装着するケースがある。これらはカンガルーバー、ブルバー、グリルガードなどと呼ばれる。ひとたびクルマが故障すると乗員の生命に関わる広大な土地柄を反映したアイテムだ。

1990年代の日本におけるRVブームでもこのカンガルーバーのファッション性が注目され、中には自動車メーカーが標準やオプションで装備する例もあった。

しかし大きな野生動物と遭遇する機会がほとんどない日本では無意味であるどころか、歩行者や自転車と衝突した際に相手への被害が大きくなるという意見が大勢を占め、姿を消した。
　　　　　　　　　　　　　　　　　答：(イ)カンガルーバー

Point　カンガルーバーが姿を消した背景には、1990年代後半からの安全への意識の高まりもあった。

Question 005

スバル360に関して、間違った記述はどれか?

(ア) 4人乗りである

(イ) 空冷2ストロークエンジンを搭載した

(ウ) モノコック構造を持つ

(エ) ダブルウィッシュボーンを採用した

解説　中島飛行機から富士重工業に名称を変えたスバルは、1950年代に入ると自動車産業に参入するための研究を始めた。これは「P-1計画」と呼ばれ、スバル1500という試作車も完成する。

実際に市販車として市場に投入したのはスバル360という軽自動車。このモデルにも合理的な航空機の製造技術が用いられた。たとえば飛行機の胴体を設計する手法を用い、モノコック構造が採用された。結果、車重を385kgと非常に軽くすることが可能になった。また、空冷2ストロークの2気筒エンジンも当時の基準としては高出力で、軽量ボディとあいまって「よく走る」という評価を得る。前/トレーリングアーム、後/スウィングアクスルというサスペンションがもたらす乗り心地のよさも好評だった。

答:(エ) ダブルウィッシュボーンを採用した

Point　「てんとう虫」の愛称で知られ、国民的な人気者となったスバル360。そのスペックのもうひとつのポイントは、エンジンをリアに搭載していたこと。

Question 006

日産モコはOEMによるモデルだが、元のモデルは？
(ア)スズキMRワゴン
(イ)ダイハツ・ムーヴ
(ウ)スバル・プレオ
(エ)三菱eKワゴン

解説　2006年2月、日産自動車は軽自動車モコのフルモデルチェンジを発表した。といっても日産が新たに軽自動車を開発したわけではなく、スズキがMRワゴンをOEM（Original Equipment Manufacturing）供給しているのだ。つまりブランドは日産、中味はスズキということになる。

とはいってもモコの場合はフロントグリルやヘッドランプも日産専用に設計されており、互いのブランドイメージを損なわないように気配りされている。

日産はほかにも、スズキ・アルトをベースにしたピノ、三菱eKワゴンをベースにしたオッティといった軽自動車のOEM供給を受け、軽自動車のラインナップを充実させている。

ちなみに、日産はスズキにセレナをベースにしたランディをOEM供給している。リスクを避けつつも、互いの品揃えが薄いセグメントを補完しあうというビジネス戦略である。

答：(ア)スズキMRワゴン

Point　スズキ・アルトがマツダ・キャロルとして販売されるなど、ほかにもいくつかのOEMの例がある。

Question 007

1963年に発売が開始されたホンダS500の価格は？
(ア) 25万9000円
(イ) 45万9000円
(ウ) 95万9000円
(エ) 145万9000円

解説 1948年に本田宗一郎が設立した本田技研工業は、まず二輪で世界に打って出る。二輪のワールド・チャンピオンシップが懸かったレースに出場し、見事に優勝を飾る。

1963年に市販開始となったホンダS500の価格は45万9000円で、これは当時の貨幣価値からいっても大変なバーゲンプライスだったとされる。この値付けの裏には、本田宗一郎の「財布の軽い若者を楽しませてやりたい」という思いが込められていたという。

S500は販売開始から数か月でひとまわり大きなエンジンを積むS600に移行、そして65年には、クーペ版たるS600クーペがラインナップに加わった。　　　　答：(イ) 45万9000円

Point スペックはもちろん、当時の価格にもそのクルマがおかれていた社会背景を見ることができる。

Question 008

4代目スカイライン（C110型）のCMで使われた曲は？

（ア）ケンとメリー
（イ）アンとマリー
（ウ）ヨンとサリー
（エ）カンとケリー

解説　通称「箱スカ」と呼ばれる3代目スカイラインは大ヒットを飛ばし、日産のドル箱モデルへと成長した。1972年にデビューする4代目にも、大きな期待がかけられていた。

日産は、4代目スカイラインに「ケンとメリーのスカイライン」というキャッチフレーズを与える。フォークデュオであるバズが歌ったテレビCMソング『ケンとメリー〜愛と風のように〜』も大ヒットとなった。

そのために、4代目スカイラインはいまでも旧車ファンから「ケンメリ」と呼ばれる。　　　　　　　　　答：（ア）ケンとメリー

Point　新車登場時にはさまざまなキャッチフレーズが与えられるが、3代目スカイラインは「愛のスカイライン」というものだった。

公式問題集／2級

Question 009

1980年代にレーシングドライバー星野一義につけられた異名は?

| (ア)日本一強い男 |
| (イ)日本一速い男 |
| (ウ)日本一スゴい男 |
| (エ)日本一キレる男 |

解説 　星野一義は、1947年に静岡県静岡市に生まれた。少年時代から二輪に魅せられた星野はモトクロスのチームに入り、1964年にデビューを果たす。その後、1969年に日産自動車の契約ドライバー採用テストに合格、四輪に転身。翌1970年には早くもスカイラインGT-Rを駆り優勝するなど、大器の片鱗を見せる。

活躍はツーリングカーにとどまらず、1975年には当時の日本F2000で年間チャンピオンとなるなど、フォーミュラカーでも強さを発揮。1971年発足の富士GCシリーズでも1982年に年間総合優勝を遂げている。

全日本F2、F3000、フォーミュラ・ニッポンという国内のトップ・フォーミュラカテゴリーでの通算166戦中39勝、42回のポールポジション獲得や、デイトナ24時間での日本車初の総合優勝などの戦績とその熱血キャラクターにより、「日本一速い男」の称号を得るにいたる。　　答:(イ)日本一速い男

Point 　成績はもちろん、闘争心をむき出しにするパーソナリティが同時代に活躍した中嶋悟のクールさと対照的だった。

Question 010

コンパクトカーのスマートの開発にかかわった時計会社は？
(ア) パテック・フィリップ
(イ) セイコー
(ウ) ロレックス
(エ) スウォッチ

解説 MCCスマートのデビューは1997年のフランクフルトショー。開発が始まったのはさらに古く、そもそも1994年にダイムラー・ベンツ(当時)とSMH社(スウォッチ)が共同出資してMCC(Micro Car Corporation)を設立した時点に遡る。

このプランを最初に持ち出したのはスウォッチだとされるが、1998年の販売開始後に転倒事故が発生するなどで業績は伸びず、SMHは撤退。その後はダイムラー・クライスラーの子会社となる。

その後、三菱と共同開発したスマート・フォーフォーもデビューした。しかし、ダイムラー・クライスラーと三菱の提携解消に伴い、製造中止の憂き目にあった。

答：(エ) スウォッチ

Point 「smart」とは、スウォッチのs、メルセデスのm、そして「art」という単語を組み合わせたという。

Question 011

「隣のクルマが小さく見えます」のCMで知られるクルマは?

(ア)日産サニー

(イ)ダットサン・ブルーバード

(ウ)トヨペット・コロナ

(エ)トヨタ・カローラ

解説　1970年代に、トヨタ・カローラと日産サニーの間で「小型車戦争」が勃発した。"戦争"という言葉は決して大げさではなく、日本では珍しくライバル車と直接的に比較するような広告が打たれるほど激しい販売競争だった。

まず、1966年に初代カローラが、「プラス100ccの余裕」というキャッチフレーズとともに登場。これは明らかに、排気量が1ℓだった初代サニーに対する優位をアピールするものだった。

しかし、日産も負けてはいない。今度は1970年にフルモデルチェンジを受けて登場した2代目サニーが「隣の車が小さく見えます」と打ち返す。もちろん、カローラを意識したものだ。実際、サニーは初代からひとまわりボディを拡大していた。以後、数世代にわたってカローラとサニーの熾烈なシェア争いは続いた。　　　　　　　　答:(ア)日産サニー

Point　初代カローラと初代サニーの登場は1966年、つまり昭和41年という高度成長期。庶民にもクルマが普及しつつある時代背景に注目。

Question 012

マスキー法が規制の対象としていない排出物は？

(ア) 一酸化炭素
(イ) 二酸化炭素
(ウ) 炭化水素
(エ) 窒素酸化物

解説 1960年代は環境問題に直面した時代だった。自動車の排ガスによる大気汚染が社会問題となり、アメリカでは1970年に排ガスを規制するマスキー法が成立する。

これは大気汚染の被害が深刻になったところで上院議員のマスキー氏が提出した排ガス規制法案。しかしあまりに厳しすぎる内容から、オイルショックのあおりで自動車メーカーの反対にあい、結局は実施が延期された。

その厳しい内容とは、1975年～1976年型生産車が排出するCO（一酸化炭素）、HC（炭化水素）、NOx（窒素酸化物）を、1970年～1971年に生産された車両の10分の1にするというものだった。

ちなみに、この規制を世界で最初にクリアしたのがホンダのCVCCエンジンである。

答：(イ) 二酸化炭素

Point マスキー法という名前はもちろん、その具体的な内容も現代の環境問題に繋がる重要なもの。

Question 013

以下の高速道路の中で、最初に部分開通し日本の高速道路時代の幕開けと言われた道路はどこか。

| (ア)東名 |
| (イ)名神 |
| (ウ)関越 |
| (エ)東北 |

解説　日本の道路交通、流通、経済の大動脈といえば、東名高速道路、ならびに名神高速道路である。この2路線が戦後の経済発展に大いに寄与したことは疑いようがない。ちなみに、現在、「高速道路」という呼称が用いられているのはこのふたつの路線だけとなっている。

その歴史を振り返ると、まず1963年に名神高速道路の栗東ICと尼崎ICの区間が部分開通したことで日本の高速道路が始まった。以後、部分開通した各所を繋げ、最終的には1965年に名神高速道路が全線開通となる。

一方東名高速道路は、1968年に東京ICと厚木IC間などが部分開通、最終的には1969年に大井松田ICと御殿場IC間が部分開通し、全線開通となった。　　　　答：(イ)名神

Point　ついうっかり「東名高速のほうが先」だと思いこんでいる盲点を突いた、ちょっとした"ひっかけ問題"。

Question 014

CVCCエンジンが利用した技術は？
（ア）触媒
（イ）直噴
（ウ）リーンバーン
（エ）可変バルブタイミング

解説 初代シビック用に開発された水冷1169ccの直列4気筒SOHCエンジンは、後に排気量を1488ccに拡大されている。同時に、シリンダーブロックも軽合金から鋳鉄に変更されている。そして、この1488ccユニットをベースにCVCCエンジンは開発された。

ブロックは上記ユニットと共通であるが、シリンダーヘッドを副燃焼室が備わる3バルブヘッドに置き換えた。なぜこのような凝ったメカニズムを採用したかといえば、リーンバーン（希薄燃焼）を実現するためである。まず副燃焼室で濃い混合気に点火し、その火炎で主燃焼室の薄い混合気を燃焼させるのだ。C（Compound＝複合、複式）V（Vortex＝渦流）CC（Controlled Combustion＝調速燃焼）を意味する。

答：（ウ）リーンバーン

Point CVCCエンジンという言葉だけでなく、簡単な仕組みも知っておきたい。

Question 015

国土交通省によって登録された、一般道路沿いに置かれた休憩施設と地域振興施設が一体となった道路施設の名は?
(ア)ドライブイン
(イ)道路パーク
(ウ)ロードオアシス
(エ)道の駅

解説　高速道路には、休憩・食事や給油のためにサービスエリア(SA)やパーキングエリア(PA)が以前から設けられていた。一般道路でも同様な施設の必要性が高まったことから各地で設置の動きが広まり、1993年から正式に「道の駅」として登録が始まった。現在では全国で800か所以上が登録されている。

明確な施設の規定はないが、広い駐車場を持ち、トイレ、電話は24時間利用可能となっている。情報発信施設としての機能も持ち、地域の文化、名所の紹介などを行っている。

また、地域特産品を販売したり名物を食堂で提供するなどして、地域の連携にも役立てている。　　答:(エ)道の駅

Point　SAやPAに連結され、高速道路の利用者以外も利用できる施設は「ハイウェイオアシス」と呼ばれる。

Question 016

1989年発売のスカイラインGT-Rに関係がないのは？
(ア) パドルシフト
(イ) セラミック・ターボ
(ウ) 電子制御四輪駆動
(エ) 直列6気筒

解説　1989年に発表されたR32型のスカイラインGT-Rで、実に16年ぶりに「GT-R」という名称が復活した。この事実からもわかるように、日産が技術の粋を集めた超高性能車である。

まずパワーユニットは、排気量2568ccの水冷直列6気筒に2基のセラミック製ターボチャージャーを組み合わせたもので、当時の国内最強となる280psを絞り出した。トランスミッションは、5段MTのみが組み合わされていた。

その大パワーを受け止めるシャシーの特徴は、オンロードで敏捷なハンドリングを実現するための電子制御スプリット型フルタイム4WD。レース仕様は、「サーキットで強い4WD」という新たなカテゴリーを作った。　　答：(ア) パドルシフト

Point　パドルシフトなどで操作するいわゆる「2ペダルMT」は、この時点ではまだ存在していない。

公式問題集／2級

Question 017

初代ゴルフはアメリカでは何という名で売られた？
(ア)ベアー
(イ)スネーク
(ウ)ラビット
(エ)レディバグ

解説 　1974年に登場したフォルクスワーゲン・ゴルフは、ジウジアーロの手になるシンプルなデザイン、合理的なFFのパッケージングなどが評価され、全世界で大ヒットモデルとなる。1979年には年間生産台数66万2000台を記録、カローラを抜いて量産車世界一の座に就いた。

初代のデビュー時、フォルクスワーゲンは全世界で共通して理解される名称として「ゴルフ」を採用したが、アメリカ、カナダでは「ラビット」という名称を用いた。

その後、2代目以降では北米市場でも「ゴルフ」という名称を用いることになった。　　　　　　　　答：(ウ)ラビット

Point 　仕向地によって名称が異なるのはよくあるケースで、たとえばルノー・クリオが日本では商標登録の関係でルノー・ルーテシアとして売られている。

Question 018

ユーノス・ロードスターより早く発売されていたオープン2シーターは？

(ア) MGB

(イ) フィアット・バルケッタ

(ウ) BMW・Z3

(エ) ホンダ・ビート

解説 1989年に登場したユーノス・ロードスター(欧米での名称はマツダMX-5)は、世界中で熱狂的に迎えられた。それに伴い、ほぼ壊滅状態にあった2座のオープン・スポーツカーの市場が活況を呈すようになり、いくつものフォロワーを生んだ。

まず1995年にフィアットがバルケッタを発表、続いて1996年にBMWがZ3を送り出している。

ただし、ユーノス・ロードスターに影響を与えたオープン2シーターも存在する。代表的なのは英国BMC(ブリティッシュ・モーター・コーポレーション)の1ブランドであるMGのMGBである。1962年にデビューしたMGBは世界中にライトウェイトオープンスポーツの楽しさを広め、生産を終える1980年までの18年間で累計50万台を生産した。　　答：(ア) MGB

Point ユーノス・ロードスターがなければ現在のオープン2シーターの多くは存在しなかったと思われるが、MGBがなければユーノス・ロードスターも生まれなかったのである。

Question 019

1989年に発売されたトヨタ・セルシオの北米での販売名は？
(ア)トヨタ・マジェスタ
(イ)アキュラRL
(ウ)インフィニティQ45
(エ)レクサスLS400

解説 1980年代後半以降、日本車メーカーが主に北米市場で高級販売チャンネルを立ち上げた。それは、「安くて壊れない」が日本車の強みであった時代との決別を意味する。つまり、「快適性や高級感」「優れた動力性能によるファン・トゥ・ドライブ」などをアピールする時代への変化である。

トヨタがレクサス、日産がインフィニティ、ホンダがアキュラといった販売チャンネルを立ち上げ、それぞれが北米市場で評価された。トヨタはセルシオをレクサスLS400の名称で北米市場に殴り込みをかけ、日産はインフィニティQ45、ホンダはレジェンドとインテグラを持ち込んだ。

ただし、海外での高級販売チャンネルを日本市場に"逆輸入"したのはトヨタだけである。答：(エ) レクサスLS400

Point 現在もレクサス、インフィニティ、アキュラはそれぞれが地位を確立しており、これらのチャンネルの取り扱い車種の動向も重要。

Question 020

ホンダNSXに関係のないものは？
(ア) VTEC
(イ) スーパーチャージャー
(ウ) アルミボディ
(エ) リトラクタブル・ヘッドランプ

解説　フェラーリ、ポルシェに対抗しうるスーパースポーツとしてホンダが開発したのが、1989年にデビューしたNSXである。

技術的な特徴は、まずオールアルミのボディの採用。生産には手間がかかるが軽量化を図ることができた。

エンジンは、VTEC（可変バルブタイミング機構）を備えたV型6気筒DOHC。ターボを用いない自然吸気エンジンでありながら、280psを発生している。サスペンションはホンダお得意の四輪ダブルウィッシュボーン。

1989年から2005年までという長期のモデルライフの中でいくつかの変更を受けており、たとえば2001年のマイナーチェンジではそれまで採用していたリトラクタブルヘッドランプが通常の固定式になるなど、外観にも手が加わっている。

答：(イ) スーパーチャージャー

Point　オールアルミボディやVTECエンジンなど、進んだ技術を採用したことが長寿の秘訣とされている。

Question 021

次のうち、ミニバンではないものは?

(ア)シボレー・エクスプレス
(イ)ダッジ・キャラバン
(ウ)クライスラー・ボイジャー
(エ)ホンダ・オデッセイ

解説 どのような車型がミニバンであるのか、という厳密な定義は存在しない。ボンネット、キャビン、トランクルームの3つのパートを備える3ボックス(いわゆるセダン／サルーン)、ボンネットとキャビンで構成される2ボックス(いわゆるハッチバックなど)、およびこのふたつから派生するステーションワゴンと区別するためにミニバンという呼称が使われる。モノスペース、MPV(マルチパーパスビークル)といった呼び方もある。

1980年代初頭から半ばにかけて登場した、米国クライスラーによる元祖ミニバン、ダッジ・キャラバンやクライスラー・ボイジャーの特徴は「フルサイズのバンに比べて小型であること」「トラックではなく乗用車のプラットフォームを用いていること」などがあげられる。

答:(ア)シボレー・エクスプレス

Point エンジンをボンネットではなく床下に収めるいわゆる"ワンボックス"は、ミニバンとは呼ばないので要注意。

Question 022

次のうち、ハイブリッドカーにかかわったことのある
エンジニアは？

| (ア)フェルディナント・ポルシェ |
| (イ)ヴィットリオ・ヤーノ |
| (ウ)コーリン・チャップマン |
| (エ)アレック・イシゴニス |

解説　フォルクスワーゲン・ビートルや高性能スポーツカーの開発で知られるフェルディナント・ポルシェは、クルマだけでなく航空エンジンや戦車の開発まで行う万能型の天才技術者だった。

　ボヘミア（後のチェコ）に生まれたポルシェは電気に強い関心を持つ青年で、彼が25歳の1900年にウィーンの帝室馬車工房ローナー社で設計したクルマは電気自動車だった。前輪ハブ内にモーターを持つ前輪駆動車で、機械式伝達の煩雑さとパワーロスを避けるという進んだ設計思想を持っていた。

　2年後にガソリンエンジンで発電、前輪のハブモーターで走るというミクステ方式の乗用車を完成させる。蓄電装置こそ備えないものの、考え方としては現代のハイブリッド車に通じるものがある。　　　答：(ア)フェルディナント・ポルシェ

Point　フェルディナントの長男フェリーはポルシェを生み、その長男アレックスはポルシェ911をデザイン、また孫にあたるピエヒはVWグループの総帥として辣腕をふるった。

Question 023

トヨタのクルマの中で、ハイブリッドの設定のないものは？
(ア)アルファード
(イ)ハリアー
(ウ)エスティマ
(エ)プレミオ／アリオン

解説 1997年、世界初の量産型ハイブリッド車としてトヨタ・プリウスが発表された。その後、アイドリングストップ機能に特化したマイルドハイブリッドや、4WDと組み合わせたハイブリッド装置など、いくつかバリエーションを増やしながら現在に至っている。

トヨタ／レクサスの現行(2007年7月時点)ラインナップでハイブリッドが設定されているのは、以下の通り。

プリウス、ハリアー、エスティマ、アルファード、クラウン(マイルドハイブリッド)、レクサスGS、レクサスLS。

トヨタのハイブリッド車の累計販売台数は100万台を超え、今後さらにラインナップは充実すると思われる。

答:(エ)プレミオ／アリオン

Point 忘れがちであるけれど、クラウンのマイルドハイブリッド仕様は地方自治体などに一定の需要がある。

Question 024

ガソリンを燃料とするレシプロエンジンとロータリーエンジンに共通する部品は？

(ア) エキセントリックシャフト
(イ) 点火プラグ
(ウ) コンロッド
(エ) ピストン

解説　通常のエンジンの仕組みを簡単に説明すれば、燃料をシリンダー内で燃やし、燃焼ガスの圧力でピストンを押し下げ、それをコンロッドとクランクシャフトで回転力に変える、ということになる。ピストンが往復運動することから、レシプロエンジンと呼ばれる。

ロータリーエンジンはどうだろうか。こちらはおむすび型のローターを繭型のハウジング内で回転させ、ローターとハウジング内の容積変化を利用して燃焼ガスの圧力をローターの回転力に変え、それをエキセントリックシャフトで取り出す。

両者ともに、空気と燃料の混合気を吸入して圧縮し、点火プラグで点火して燃焼させるというプロセスは共通している。

答：(イ) 点火プラグ

Point　ロータリーエンジンも、容積型内燃機関であることに変わりはない。

公式問題集／2級

Question 025

スーパーチャージャーについて、正しい記述は?

(ア) 低回転域から過給される

(イ) ターボチャージャーとは併用できない

(ウ) 排気の力を利用する

(エ) ATとの組み合わせが難しい

解説　エンジンの排気量を大きくしないで高出力を得る方法として、過給がある。これは空気をあらかじめ圧縮してエンジンに送り込む方法で、2通りがある。

ひとつはスーパーチャージャー。こちらはクランクシャフトで空気圧縮機を駆動する。もうひとつは排気の力で空気を圧縮するターボチャージャー。

前者は、後者に比べて低回転域から効果を発揮し、スロットルレスポンスに優れるという長所を持つ。後者は、排気の力を利用する関係で、ターボラグが発生し、レスポンスが鈍くなることがある。

ただし、クランクシャフトの力を利用するスーパーチャージャーは効率ではターボチャージャーにかなわず、高回転域での出力もターボチャージャーに軍配が上がる。

最近では、フォルクスワーゲンのTSIエンジンなど、両者の美点を組み合わせたエンジンも登場している。

答:(ア) 低回転域から過給される

Point　フォルクスワーゲンやメルセデス・ベンツなど、近年のドイツメーカーは積極的にスーパーチャージャーに取り組んでいる。

Question 026

低排出ガス車認定制度で、星4つのステッカーが意味するのは、次のうちどれか。

(ア) 25％低減レベル
(イ) 50％低減レベル
(ウ) 75％低減レベル
(エ) 90％低減レベル

解説　低排出ガス車認定制度とは、国土交通省が2000年から実施している認定制度で、低排出ガス車の普及を目的としている。

評価されるのは、6種類の物質の排出量。一酸化炭素、炭化水素、非メタン炭化水素、窒素酸化物、粒子状物質、ホルムアルデヒド（メタノール車に限る）である。

認定されたクルマには星の数で低減レベルを表したステッカーを貼付する。平成12年排出基準では25％低減車が★、50％低減車が★★、75％低減車が★★★と表示されたが、平成17年排出基準では50％低減車が★★★、75％低減車が★★★★である。

答：(ウ) 75％低減レベル

Point　ディーゼル車に対しては、超低PM排出ディーゼル車のステッカーがあり、75％低減が★★★、85％低減が★★★★である。

Question 027

1964年の日本グランプリで、式場壮吉の乗るポルシェ904を抜いて一時リードしたスカイラインGTをドライブしていたのは？

| (ア)生沢徹 |
| (イ)浮谷東次郎 |
| (ウ)高橋国光 |
| (エ)砂子義一 |

解説 日本における最初の本格的なサーキットは、ホンダが母体となって三重県鈴鹿市に建設した鈴鹿サーキットで、1963年から始まった日本グランプリの舞台ともなった。

1964年、日産はスカイラインのノーズを伸ばしよりパワフルな6気筒エンジンを押し込んだ高性能バージョン、スカイラインGTを発表し、ただちにホモロゲーションを取得して第2回日本グランプリに出場した。

鈴鹿サーキットのヘアピンコーナー、首位を走る式場壮吉のポルシェ904の一瞬の隙を突いて生沢徹のスカイラインGTが抜き去った。

その後、生沢のスカGはあっさりと式場の904に抜かれてレースを終えるが、ポルシェを抜いた、という事実がその後の「スカG神話」を形成することになる。　　　答：(ア)生沢徹

Point ポルシェ904はレーシングカー、いっぽうのスカイラインGTはほぼ市販車だった。生沢はその後、ヨーロッパのモータースポーツ界に挑戦することになる。

Question 028

次のうちで、2007年にF1を開催していない国は？

(ア)中国
(イ)マレーシア
(ウ)シンガポール
(エ)バーレーン

解説　世界を転戦するフォーミュラ1の開催国の変遷を辿ると、自動車産業の現在が見えてくる。

たとえば10年前、1997年にグランプリが開催された国を見ると、アジアで行われたのは日本だけである。ところが2007年の開催国を見ると、富士スピードウェイで開催される日本以外に、マレーシア(セパンサーキット)、バーレーン(サキールサーキット)、中国(上海サーキット)と、全17戦のうち実に4つのイベントが開催される予定である。アジアにおける自動車熱の高まりを如実に表しているといってよいだろう。

答：(ウ)シンガポール

Point　フォーミュラ1に関しては「1国1グランプリ」が原則となっている。

Question 029

日本の自動車生産台数が世界第2位となったのは、何年のこと?
(ア) 1957年
(イ) 1967年
(ウ) 1977年
(エ) 1987年

解説　第二次大戦中はトラックなどの開発／生産に専念せざるを得なかったため、日本自動車産業の技術的進歩は止まってしまった。戦後、自動車の製造は細々と再開されたものの、1947年当時、占領軍総司令部に許可された小型乗用車の生産はたったの300台。

しかし、そこから日本における自動車の生産台数は驚異的な伸びを見せる。1960年には48万2000台を生産、13年前が300台だったのが嘘のようである。1963年には128万4000台、1966年には228万6000台、1967年には314万6000台と、ついに西ドイツ(当時)を抜いて、アメリカに次ぐ世界第2位の自動車生産国となった。

答：(イ) 1967年

Point　第二次世界大戦後、わずか二十余年で急激な復興を遂げた背景には、政府が自動車産業を保護したことがあることも理解しておきたい。

Question 030

日本で初めてのF1フルタイムドライバーは？

（ア）鈴木亜久里
（イ）中嶋 悟
（ウ）高木虎之介
（エ）片山右京

解説　中嶋悟は1953年、愛知県岡崎市に生まれた。小柄な体格がハンディとならないモータースポーツを志し、19歳でファミリア・クーペで初めてサーキットを走り、翌1973年にはレースでのデビューを果たしている。

おもにフォーミュラで活躍し、1981年には全日本F2でチャンピオンを獲得。海外志向が強かった中嶋は1982年よりヨーロッパF2にも参戦し、初年度で年間13位のランキングを得る。

1984年にはホンダのF1テストドライバーとなり、同時にヨーロッパのF3000選手権に参戦するなど、国際経験を積む。

そして1987年、ホンダエンジンを搭載するロータスより、日本人初のフルタイムのドライバーとしてF1に参戦する。当時のチームメイトは、あのアイルトン・セナであった。

答：（イ）中嶋 悟

Point　中嶋が参戦することで、1980年代後半から日本で大F1ブームが巻き起こったのはご承知の通り。

Question 031

ホンダS800を愛車にしていた王族は?

(ア) 英国のチャールズ皇太子
(イ) モナコ公国のグレース王妃
(ウ) サウジアラビアのファイサル国王
(エ) タイのプミポン国王

解説 当時隆盛を誇ったイギリス製の小型スポーツカーが搭載するエンジンは、低回転域からトルクを発生することが特徴で、決して高回転を得意とはしていなかった。

そこに現れたホンダS500の水冷直列4気筒DOHCエンジンは、最高出力44psを8000rpmで発生することからもわかるように、現代の水準に照らしても高回転型だった。

このエンジンにはヨーロッパのエンスージアストたちも大いに驚いたようで、たとえば、クルマ好きで知られていたモナコ公国のグレース王妃はS800を愛車に選んだという逸話が残っている。　　　　答:(イ) モナコ公国のグレース王妃

Point ホンダの"S"がヨーロッパで好評を博した裏には、欧州車とは異なる個性があったことを見逃してはならない。

Question 033

「ミッレミリア」の意味は？

(ア) 栄光の歴史

(イ) ミリア記念

(ウ) 山岳コース

(エ) 1000マイル

解説　1927年にイタリアで自動車のロードレースが開催された。これは一般道で行われ、イタリア北部のブレシアから南下しローマへ、そして再び北上してローマへ戻るという、イタリア全土を舞台にした壮大なスケールのレースだった。

このレースは第二次世界大戦による中断（1941〜1946年）を除いて1957年まで行われた。アルファロメオやランチアといったイタリア勢はもちろん、大戦前には国威発揚を目的にナチスがメルセデス・ベンツなどのドイツメーカーを支援したこともある。

1000マイルという長距離を駆け抜けるこのレースは、その距離をダイレクトに名称に戴き、Mille Miglia（ミッレミリア＝1000マイル）と呼ばれる。　　　　答：(エ) 1000マイル

Point　1982年、ミッレミリアがクラシックカーイベントとして復活、日本でも同名のイベントが開催されている。

Question 032

セドリックという車名の由来は?

(ア)小説『小公子』の主人公の名
(イ)古書バイヤーを意味する「背取り」から
(ウ)英国人開発者の名
(エ)採用されたトランスミッションの名前

解説 　第二次世界大戦中に自動車開発が中断してしまったため、国産メーカーの技術力は世界的な水準から大きく後れをとってしまった。そこで1950年代、国産自動車メーカーは日本政府の音頭取りで欧州メーカーと提携、ノックダウン生産を行うことでその技術力を吸収した。

日野は仏のルノー、いすゞが英国のルーツ(ヒルマン)、そしてやはり英国のオースチンと提携した日産は、A40やA50をノックダウン生産した。

オースチンを手本とし、進んだ技術を自社製品に投入した日産が英国文化の影響を強く受けていたことは容易に想像できる。セドリックという車名も、イギリスで生まれた作家、フランシス・ホジソン・バーネットの小説『小公子』の主人公、セドリック・エルロ少年をイメージしたものだとされている。

答:(ア)小説『小公子』の主人公の名

Point 　1950年代の国産メーカー各社が提携した相手は出題されそう。ノックダウン生産したルノー4CV、ヒルマン・ミンクス、オースチンA40、A50といった車名を押さえておきたい。

Question 034

トヨタのカーテレマティクスサービスはなんという名称？
(ア) T-MARY
(イ) VICS
(ウ) G-BOOK
(ア) CAR WINGS

解説　G-BOOKとは、ハンズフリーの携帯電話やデータ通信モジュールを介してセンターと接続し、情報のやりとりを行う仕組み。

G-BOOKを活用すると、たとえば目的地だけでなく最新のグルメ情報が入手できる。地図の自動更新やVICS非対応の道路渋滞情報も入手可能になった。センターに接続し、24時間対応のオペレーターに要望を伝えることもできる。

双方向で情報をやりとりすることで利便性を向上させる取り組みは、他の自動車メーカーやカーナビゲーションシステムのメーカーも取り組んでいる。たとえば日産であればカーウィングス、ホンダのインターナビ、パイオニアのスマートループなどがある。

答：(ウ) G-BOOK

Point　Web2.0の時代が、自動車社会にも起こっていることに着目。

Question 035

富士重工業の前身である中島飛行機が製作した戦闘機の名は?

(ア)隼
(イ)鷹
(ウ)鷲
(エ)朱鷺

解説 スバル、つまり富士重工業の前身は、中島飛行機。一式戦闘機「隼」、四式戦闘機「疾風」、海軍夜間戦闘機「月光」などなど、第二次世界大戦中には多数の名機を送り出す優秀な航空機メーカーとして知られた。

ところが戦後、製造はもちろん、研究さえも占領軍から禁止された中島飛行機は社名を改め、蓄積していた航空技術をスクーターや自動車に投入した。「隼」とは、中島飛行機が陸軍からの指名で開発にあたった戦闘機。陸軍からの要求水準は非常に高く、開発陣は何度も設計を変更するなど、難産の末に制式採用されたという。原動機は970馬力を発生する「栄」、最高速度は495km/hを誇った。最終的には計5171機が生産され、三菱の「零戦」に次ぐ量産戦闘機となった。

答:(ア)隼

Point スバルの前身が中島飛行機だったことはよく知られているが、中島飛行機がどんな航空機メーカーだったかを知っておきたい。

Question 036

次のメーカーを創業年の古い順に並べるとき、2番目は?

(ア) フェラーリ
(イ) アルファロメオ
(ウ) フィアット
(エ) ランボルギーニ

解説 自動車のみならず、鉄道、航空、金融、情報通信など、現在のイタリア産業界を掌握しているフィアットの創立は、1899年に遡る。当初はトリノ自動車製造会社を名乗ったが、1918年からはその頭文字をとってFIATという名称になる。

アルファロメオはトリノのフィアットからやや遅れて1910年にミラノでスタートした。当初は現代のフェラーリのような超高級スポーツカーを生産したが、1933年には経営難から半国営化される。また、1986年にはフィアット傘下となる。

アルファロメオのセミワークスドライバーであったエンツォ・フェラーリは独立後、1946年にみずからの名を冠したクルマを生産する。

フェラーリの顧客であったフェルッチョ・ランボルギーニは、自身の理想のスポーツカーを作るためにランボルギーニを設立し、1963年に第1号車350GTを発表した。　答:(イ)アルファロメオ

Point 4つのメーカーの歴史がそれぞれ独立しているのではなく、リンクしていることを記憶したい。

Question 037

VWが開発した排気量を下げたかわりに、ターボチャージャーとスーパーチャージャーを装備したエンジンは?

(ア)TSI
(イ)TDI
(ウ)VTEC
(エ)DSC

解説　TSIとはフォルクスワーゲンが開発したガソリンエンジンユニット。高出力と省燃費という二律背反を両立するために、直噴ガソリンエンジンとスーパーチャージャー、そしてターボチャージャーを組み合わせた。低回転域ではスーパーチャージャー、高回転ではターボという役割分担になっている。

TDIとは、フォルクスワーゲンが開発したエンジンの高出力とクリーンな排ガスを兼ね備えたターボ過給を行う直噴ディーゼルエンジン。

VTECとは、ホンダが開発した可変バルブタイミング機構。状況に応じてバルブタイミングを変更することで、高出力、低燃費、低排ガスなどを実現する。

DSCとは電子制御式の横滑り防止装置のこと。

答：(ア) TSI

Point　かつてターボチャージャーといえば燃費が悪いものだったが、最近は環境性能の優れたものもある。

Question 038

日本の自動車メーカーの海外ブランドとして存在しないのはどれ？

(ア)アキュラ

(イ)デボネア

(ウ)レクサス

(エ)インフィニティ

解説 アキュラ、レクサス、インフィニティについては前述しているので、ここはデボネアの歴史を振り返りたい。

第二次大戦後、軽自動車および小型車から自動車の生産を開始した三菱は、最後に大型車を発表する。1963年秋の東京モーターショーで発表し、1964年に市販されたデボネアがそれで、当時のクラウンやセドリックを上回る堂々たるボディサイズを持っていた。

これで軽自動車から大衆車、中型車、大型高級車と三菱のラインナップは完成を見る。折しも、デボネアの発売は、分割されていた三菱3社が合併して三菱重工業となった直後だった。

ただしデボネアはクラウン、セドリックの牙城を崩すことはかなわず、その後もどちらかといえば三菱系企業の社用車というイメージから脱することはできなかった。　答：(イ)デボネア

Point 初代デボネアは、なんと22年間にわたって生産された、歴史的な長寿車であったこともあわせて覚えておきたい。

Question 039

次のうち、GM（ゼネラルモーターズ）の傘下でないブランドはどれ？

(ア)シボレー
(イ)ビュイック
(ウ)ポンティアック
(エ)ダッジ

解説　GM（ゼネラルモーターズ）が所有するブランドは単なる販売チャンネルではなく、かつて買収した自動車メーカーであるケースが多い。そもそも1908年に設立されたGM自体が、1904年にW.C.デュラントが買収したビュイックを母体にしている。

その後、比較的短期間にポンティアック、シボレーほか20数社を買収し、1931年には全米販売台数1位の自動車メーカーとなっている。

ちなみに、GM出身のウォルター・P.クライスラーは1925年にクライスラーを設立、1928年にダッジを買収している。2007年よりダッジが日本市場に参入している。　　答：(エ)ダッジ

Point　近いところでは、AMC（アメリカン・モータース・カンパニー）が1987年にクライスラーによって買収されている。

Question 040

一世風靡をしたドラマ「冬のソナタ」でペ・ヨンジュンが乗っていて一時期大人気になった白いクルマは？

(ア) ヒュンダイ・ソナタ
(イ) トヨタ・ハイラックスサーフ
(ウ) フォード・エクスプローラー
(エ) ボルボ・V70

解説

フォード・エクスプローラーの祖先は、1965年にデビューしたフォード・ブロンコである。このクロスカントリー4WDは、ピックアップとしてもハードトップを装着したワゴンとしても使えるという、いわばSUVの先駆けともいうべきモデルだった。

ブロンコはその後、1990年にはエクスプローラーと名称を変える。

『冬のソナタ』でペ・ヨンジュン（劇中の役名はイ・ミニョン）が乗った白いエクスプローラーは、2000年に登場した3代目。先祖がデビューしてから35年、エクスプローラーは意外な理由から日本でスマッシュヒットを放つことになった。

答：(ウ) フォード・エクスプローラー

Point

古くはバブル期のプジョー205からオペル・ヴィータまで、ドラマに登場することでヒットした輸入車は多い。

Question 041

トヨタ2000GTが発売された年に、すでに販売されていたクルマは?

(ア) ホンダS500
(イ) 日産スカイラインGT-R
(ウ) マツダ・サバンナRX-7
(エ) いすゞ117クーペ

解説 1960年代の前半からスポーツカーが憧れの対象となったのには、1963年に鈴鹿サーキットで行われた第1回日本グランプリの影響が大きかったとも言われる。この流れを受けて、日本の自動車メーカーもスポーツカーの開発を進めた。

二輪のレースで世界をあっと驚かせたホンダは、四輪の開発に向かい、1962年秋の東京モーターショーでオープン2シーターのスポーツカーを公開する。搭載されるエンジンは、見るからに精緻なメカニズムを備えたDOHC4気筒ユニット。4輪独立のサスペンションを備えていた。このモデルが翌1963年にホンダS500として市販される。

ちなみにトヨタが自社ブランドのイメージアップを狙って開発したトヨタ2000GTのデビューは1967年、初代日産スカイラインGT-Rは1969年、初代マツダ・サバンナRX-7は1978年、いすゞ117クーペは1968年にデビューしている。答:(ア) ホンダS500

Point スポーツカーの歴史で忘れてはいけないのが、日産(ダットサン)のフェアレディ。1959年にデビューし、後のフェアレディZへ続く歴史を築いた。

Question 042

BMWのエンブレムの意味として、間違っているものは？
(ア)プロペラ
(イ)空と雲
(ウ)歯車
(エ)旧バイエルン王国の国旗

解説 BMWとはBayerische Motoren Werkeの略で、これを日本語に訳せば「バイエルンのエンジン製造会社」となる。そもそも1916年に設立された時には、航空機エンジンを製造するメーカーであった。

第二次世界大戦前から二輪、四輪の高性能車の開発で知られる。戦後は高級車路線が失敗し、一時的に経営危機に見舞われるも、1961年に発表したBMW1500のヒットで持ち直す。1500は「ノイエ・クラッセ(=新しいクラス)」と呼ばれるほど斬新なクルマで、現在のBMWの原型ともいうべきモデルである。

エンブレムに話を移せば、十字の部分がプロペラを模しているとされる。青と白のカラーリングは旧バイエルン王国の紋章に由来し、青い空と白い雲を表している。　答：(ウ)歯車

Point 航空機エンジンを作っていたというルーツと、エンブレムのデザインの関連性に着目。

Question 043

「名ばかりのGTは道をあける」というコピーのCMで知られるクルマとは?

(ア)トヨタ・セリカ
(イ)日産スカイライン
(ウ)ホンダ・プレリュード
(エ)三菱ギャラン

解説 1960年代フォード・マスタングのヒットは、「スペシャリティカー」の市場が存在することを証明した。各メーカーがこの分野に参入するなかで、トヨタは1970年にセリカを投入した。セリカは若者に大いに受け、日本においてもこの市場に可能性があることを示す。

1977年、セリカは2代目へとフルモデルチェンジする。セリカには初代からDOHC4気筒ユニットを搭載する仕様が存在した。いっぽうライバルであるスカイラインは、GT-Rが例外的にDOHCユニットを搭載したほかはSOHCで、「名ばかりのGT」というフレーズはこの弱点を指している。

その後、スカイラインはターボで武装し、「ツインカムVSターボ論争」が始まる。　　　　　　答:(ア)トヨタ・セリカ

Point なぜ伝統のスカイラインが「名ばかりのGT」と呼ばれたか、スペックから考えてみたい。

Question 044

「ダブルクラッチ」とは何を意味する？

(ア) クラッチペダルが2つある

(イ) クラッチディスクが二重になっている

(ウ) クラッチペダルを2回踏んでギアチェンジする

(エ) クラッチペダルを踏みながら2段飛ばしで
　　ギアチェンジする

解説 　いまとなっては古いクルマをドライブするとき以外にはほとんど見かけなくなってしまった運転テクニックに、ダブルクラッチがある。

これはマニュアルトランスミッションのギアボックスにシンクロメッシュ機構がなかったり、あるいは備わっていても弱っている場合にスムーズにシフトするための技術。シンクロメッシュ機構とは、シャフトの回転数とギアの回転数を同期させるある種のクラッチで、1929年のキャデラックから採用されている。

まず、シフトする際に、クラッチを踏んでギアをニュートラルに入れる。ここで一度クラッチペダルを戻し、クラッチを繋ぐ。さらにもう一度クラッチペダルを踏み込んでからギアを移動すると、スムーズにシフトが完了する。

　　　答：(ウ) クラッチペダルを2回踏んでギアチェンジする

Point 　ダブルクラッチは、おもにシフトダウン時に用いられるが、場合によってはシフトアップでも使う。

Question 045

映画『バック・トゥ・ザ・フューチャー』でタイムマシンとして登場したクルマは?

(ア)ロータス・エスプリ

(イ)いすゞ・ピアッツァ

(ウ)デロリアンDMC-12

(エ)ランボルギーニ・カウンタック

解説 映画『バック・トゥ・ザ・フューチャー』は、スティーブン・スピルバーグ監督が製作総指揮にあたったSFコメディで、1985年に公開されるや全世界で大ヒットとなった。

若き日のマイケル・J.フォックス扮する高校生、マーティがドライブするのは、140km/hを超えるとタイムスリップしてしまうという不思議なクルマ。そしてマーティは、1955年に「バック・トゥ・ザ・フューチャー」してしまう。

このときに"主演"を務めたクルマがデロリアンDMC-12。この映画に使われたことがきっかけで、中古車市場での価格が上がったとも言われる。　　答:(ウ)デロリアンDMC-12

Point ジョン・ザッカリー・デロリアンが1975年に興したDMCという自動車会社は、1983年に消滅している。

Question 046

プリансス自動車が販売していないクルマは？

(ア) クリッパー
(イ) スカイライン
(ウ) グロリア
(エ) ブルーバード

解説 プリンス自動車の前身は、第二次大戦中に輸送機などを生産していた立川飛行機。中島飛行機がスバルになったのと同じように、立川飛行機はプリンスに社名を変え、自動車の生産を行うようになった。プリンスは、スカイラインやグロリアなど、その進んだ航空技術を市販車に投入した名車を世に出した。

しかし、ここでとある事情から、プリンスは日産自動車と合併することになる。戦後の日本自動車産業は政府の保護のもとに成長を続けていたが、いよいよ欧米諸国が門戸開放を強く求めた。この動きを受けた政府は自動車産業の再編成を意図し、両社の合併を画策した。そして1966年8月に、日産とプリンスは合併する。本問に関しては、ブルーバードは日産車、それ以外はプリンス製である。

答：(エ) ブルーバード

Point ここでは車名と同様に、日産とプリンスの歴史的背景を認識すべし。

Question 047

キャブレターのベンチュリ効果を説明するのに適当な物理の法則は?

(ア)ピタゴラスの定理

(イ)フェルマーの定理

(ウ)ベイズの定理

(エ)ベルヌーイの定理

解説 ベルヌーイの法則とは、「流体(液体、気体)の速さが増すと、その流体内部の圧力は周囲より低くなる」という物理法則である。

キャブレターとはガソリンと空気を混合させる装置で、エンジンの負圧によりキャブレターに吸い込まれる空気はベンチュリを通過する。ベンチュリは流れを絞ることによって流体の速さを増し、流速が低い部分よりも圧力が低くなる。そこでこの圧力差を利用して燃料が流れ、ガソリンと空気の混合気が作られる。

この一連の流れが、ベルヌーイの法則で説明できるのである。
答:(エ)ベルヌーイの定理

Point キャブレターは一般に気化器と紹介されるケースが多いが、実質的には霧を作る装置である。

Question 048

GT-R 復活として平成元年に登場したスカイラインGT-Rの形式は次のうちどれか？

| (ア) BNR32 |
| (イ) BCNR33 |
| (ウ) R30 |
| (エ) KPGC10 |

解説　特に国産車の場合、型式番号で呼ぶケースがある。本問の4つの選択肢はいずれもよく知られた型式番号なので、覚えておきたい。

BNR32が正解のスカイラインGT-R。このモデルをさらに煮詰めた次のGT-RがBCNR33となる。

ちなみにR30とは1981年に登場した6代目スカイライン、KPGC10とは3代目スカイラインである。

ほかにも、たとえばトヨタ車であればカローラ・レビン（TE-27、AE86等）、スターレット（KP61、EP71）などは、車名ではなく型式番号で呼ばれる代表的なモデルである。

答：（ア）BNR32

Point　輸入車であればポルシェ911が993、996、997等の開発コード番号で呼ばれることが多い。

Question 049

次のうち、フォルクスワーゲングループに属さない自動車メーカーは?

(ア)シュコダ

(イ)セアト

(ウ)ランボルギーニ

(エ)ロールス・ロイス

解説 ロールス・ロイスは1906年、輸入車を販売するロールス社と電器メーカーだったロイス社が合併して生まれた。ロールス・ロイスは瞬く間に高級車メーカーとしての地位を確立し、1932年にはルマンで大活躍するスポーツカーメーカーであったベントレーを買収する。

その後の歴史はここでは割愛するとして、事件は1998年に起こった。ロールス・ロイス社が売却されることになり、フォルクスワーゲンとBMWが手を挙げた。一度はBMWに決まったものをフォルクスワーゲンがひっくり返し、さらに一悶着ありロールス・ロイスはBMWに、ベントレーはフォルクスワーゲンの傘下になったのだ。

ちなみにシュコダはチェコ、セアトはスペインのフォルクスワーゲン傘下の自動車メーカー。ランボルギーニも現在はフォルクスワーゲングループのアウディ傘下となっている。

答:(エ)ロールス・ロイス

Point 1990年代の自動車メーカーの合従連衡は整理しておきたい。

Question 050

WRCとは何の略称?

| (ア) Winter Race Contest |
| (イ) World Race Championship |
| (ウ) Winter Rally Contest |
| (エ) World Rally Championship |

解説 WRCとは、FIA (Federation International de l'Automobile) が主催する世界ラリー選手権 (World Rally Championship) を指す。

WRCの歴史はそれほど古くはなく、1973年に世界中でさまざまな形式で開催されていたラリーを組織化し、世界選手権とした。

2007年のWRCは1月のモンテカルロから11月のウェールズまで全16戦で争われ、フォード、シトロエン、スバルなどがワークスチームを送り込んでいる。2004年より、北海道で開催されるラリージャパンがWRCのカレンダーに記されるようになっている。　　答:(エ) World Rally Championship

Point ラリージャパンが始まった年なども出題の可能性があるので押さえておきたい。

Question 051

200キロメートル走って燃料を40ℓ消費したとすると、その燃費は？
(ア) 2km/ℓ
(イ) 5km/ℓ
(ウ) 10km/ℓ
(エ) 20km/ℓ

解説 算出方法は、「走行距離÷消費燃料」となるので、今回でいえば「200÷40」となり、正解は5km/ℓ。

以前のヨーロッパでは、100kmを走行するにあたって消費する燃料の量を表示するケースが多かった。たとえば3ℓ/100kmといえば100kmという距離を走るのに3ℓの燃料が必要という意味だ。しかし地球温暖化への危機感から排出する二酸化炭素の重量で燃費を表示する方式に変わりつつある。欧州連合は、現状で平均約160g/1km（1km走行にあたって160gの二酸化炭素を排出）の燃費を、2012年までに120gに低減することを目標としている。

アメリカでは1ガロンあたりの走行距離を用いるケースが多い。たとえば現在のCAFE（メーカー別平均燃費）規制を見ると、乗用車は1ガロンあたり27.5マイル走行する燃費が求められている。これを日本流に表示すると、1ℓあたり11.5kmということになる。

答：(イ) 5km/ℓ

Point ガソリン1ℓが燃えると、約2.3kgの二酸化炭素が発生する。燃費は環境問題にも関わっているのだ。

Question 052

メルセデス・ベンツに存在しないシリーズ名は？
(ア) Aクラス
(イ) Rクラス
(ウ) SLKクラス
(エ) LSクラス

解説 自動車メーカー各社は、それぞれのラインナップのネーミングに一定のルールがある。たとえばBMWだったら1シリーズ、3シリーズ、5シリーズ、7シリーズが基本となる。また、現行のプジョーであれば107（日本には未導入）、207、307、407が根幹を成し、派生モデルである1007が加わる。モデルチェンジを受けるとヒトケタ部分の数字が一つ増えることから、次期307は308となると見られる。

メルセデス・ベンツの場合はAクラス、Bクラス〜Sクラスというアルファベットの基本ラインナップに、SLK、CLK、CLといった派生車種が加わる。

LSとは、レクサス・ブランドの最上位モデルであり、LSだけはメルセデスのラインナップではない。 答：(エ) LSクラス

Point フィアット500やミニ、フォルクスワーゲンのビートルなどのように、一度絶えた名称が復活するケースもある。

Question 053

1960年代中頃のBC戦争当時のブルーバードとコロナで、違っていた点は？
(ア)エンジンの排気量
(イ)エンジンの搭載方法
(ウ)駆動形式
(エ)トランスミッションの種類

解説 BC戦争が最も激しかったのは、ブルーバードが1963年にデビューした2代目、コロナが1964年にデビューした3代目の時だった。ちなみに、この時点での販売台数はブルーバードが上回っており、トヨタとしてはこのセグメントにおける日産の牙城を崩さんと必死だった。

2台の基本的な構成はかなり近く、水冷直列4気筒OHVエンジンをフロントに縦置きし、後輪を駆動。トランスミッションはともに3段のマニュアルトランスミッション。2台ともコラムシフトを採用していた。

両者で異なったのはエンジン排気量で、ブルーバードは先代の1ℓ、1.2ℓエンジンを踏襲したが、コロナは1.5ℓエンジンを積んで登場した。前者の最高出力が55ps、後者が70psと、看過できない差があった。

答：(ア)エンジンの排気量

Point 室内装備がより豪華だったこともあり、ついにコロナが販売でブルーバードを追い抜くことになる。

Question 054

日本の輸入車台数が史上最高となる42万台強を記録したのは、何年のこと？
（ア）1976年
（イ）1986年
（ウ）1996年
（エ）2006年

解説 JAIA（日本輸入車組合）の資料によると、1966年の輸入車台数は1万2783台。以後、緩やかに数を増やしていくが、1980年代半ばになると飛躍的に数字が伸びていく。

1986年が6万8357台（前年比プラス136.2%）、1987年が9万7750台（同143%）、そして1988年にはついに10万台の大台を突破し、13万3583台（同136.7%）を記録する。

バブル経済崩壊後、1991年、1992年と前年割れが続いたものの、1990年代半ばにふたたび数字が上昇し、1996年には42万7525台を記録するにいたる。

その後急激に輸入車台数は減少し、1998年からは30万台に満たない数字が続いている。　　　答：（ウ）1996年

Point 1990年代半ばに数字が増えているのは、バブル期の各インポーターの投資が実ったという説がある。

Question 055

FR車がFF車に比べて短くしやすいのは？
（ア）ホイールベース
（イ）トレッド
（ウ）フロントオーバーハング
（エ）リアオーバーハング

解説 オーバーハングとは、車輪の中心点からボディの端までの距離を指す。それが前輪の中心からボディ先端までであればフロントオーバーハング、後輪の中心からボディ後端までであればリアオーバーハングとなる。

FF（前輪駆動）方式を採る場合、エンジンと駆動装置が一体になって前輪の前方に置かれることになる。したがって、FFはFRに比べて、物理的にフロントオーバーハングが長くならざるを得ない。ただし、その分前輪と後輪の間のスペースに余裕が生じるため、同じ長さのボディであればFRより合理的なパッケージングが可能となる。

FFとFRのレイアウトはこのように一長一短があり、それぞれの目的に応じて使いわけられる。

答：（ウ）フロントオーバーハング

Point オーバーハングが短いほうがスポーティで精悍に見えるという、デザイン的な観点も忘れてはならない。

Question 056

「赤いファミリア」に関係の深い風俗は？
(ア)うたごえ喫茶
(イ)陸サーファー
(ウ)ジュリアナ
(エ)ヒップホップ

解説 　1980年、第2次石油危機の傷痕の残る中に、5代目となるマツダ・ファミリアは発表された。ファミリアとしては初のFFモデルである。

FFハッチバックとしては最も後から登場したが、それだけにパッケージング、操縦安定性などが高レベルでバランスしており、日本カー・オブ・ザ・イヤーを受賞するなど高く評価された。

市場でも好意的に受け入れられ、国内の販売実績で一時的にではあるにせよカローラを抜くという快挙を成し遂げた。ヨーロッパでの評価も高く、ロータリーエンジンの燃費の悪さから苦境に陥ったマツダを救うことになった。

この頃にサーフィンが流行していたが、実際にはサーフィンをやらないのにファッションだけ真似をする若者もいた。赤いファミリアにサーフボードをボルト留めして街を流すというスタイルが流行したのである。　　　答：(イ)陸サーファー

Point 　同年の欧州カー・オブ・ザ・イヤーでも日本車としては1位、総合4位と、全世界的に好評だったことがわかる。

Question 057

2005年のアカデミー賞授賞式にレオナルド・ディカプリオが自身で運転して乗り付け、環境コンシャスなハリウッド・セレブの間に広まったクルマとは?

(ア)マツダ・ロードスター

(イ)スズキ・スイフト

(ウ)トヨタ・プリウス

(エ)三菱 i

解説

長大なリムジンで登場するのが当たり前のアカデミー賞授賞式に、自らプリウスで乗り付けたレオナルド・ディカプリオの姿は新鮮な驚きをもたらした。

もともと環境問題に関心のある向きの多いハリウッドの俳優たちの中で、プリウスに乗ることがちょっとしたトレンドとなったのだ。ブラッド・ピット、キャメロン・ディアス、グウィネス・パルトロウ、トム・ハンクスなど、そうそうたる顔ぶれがプリウス・オーナーである。

俳優だけでなく政治家などでも、ハイブリッドカーに乗ることでエコであることをさりげなく主張する風潮がある。

答:(ウ)トヨタ・プリウス

Point

ディカプリオはプリウスのCMにも登場した。自分のウェブサイトで地球温暖化防止を訴えているほどの環境保護派なのだ。

Question 058

2007年4月から首都圏50か所で販売が始まったバイオガソリンに混入されているエタノールの割合は？
（ア）3パーセント
（イ）10パーセント
（ウ）20パーセント
（ア）30パーセント

解説　バイオガソリンとは、バイオETBE（エチル・ターシャリーブチル・エーテル）を配合したガソリン。バイオETBEとはトウモロコシやサトウキビ、小麦などの植物を原料とするバイオエタノールにイソブテンを配合したもの。

植物は光合成により二酸化炭素を吸収するため、植物を原料とした燃料を燃やしたときに発生する二酸化炭素が相殺される。したがって、バイオガソリンは地球温暖化防止に役立つとされている。

現在、日本においてはレギュラーガソリンに3％の割合でエタノールを混合させており、つまりバイオガソリンを入れた場合、その3％がカーボンフリーになる。

答：（ア）3パーセント

Point　エタノールが3％のほか、現時点ではイソブテンが4％含まれるので、全体の7％がバイオETBEとなる。

Question 059

ガソリンエンジンの理論空燃比は？
(ア) 1.7:1
(イ) 14.7:1
(ウ) 24.7:1
(エ) 34.7:1

解説　空燃比とは、エンジンがシリンダー内に吸い込む燃料(ガソリン)と空気の重量比を指す。ここで、ガソリンが完全に燃焼するのに必要な空気の量を理論的に算出した値が理論空燃比である。

ガソリンが1に対して空気が14.7という割合の混合気が作られた時に、もっとも効率よくガソリンが燃焼する。したがって、三元触媒が機能するには、この理論空燃比を実現する必要があった。しかし、エンジンの冷却水温、エンジンにかかっている負荷によっては、理論空燃比とは異なる空燃比が要求されることもある。

また近年増えつつあるリーンバーンエンジンでは、当初より空気の量が多い設定であり、理論空燃比とは一致しない。エンジンが冷えている間や、高い負荷がかかっている状況では理論空燃比よりも燃料が多い設定になる。

答：(イ) 14.7:1

Point　理論空燃比よりも空気が多い状態をリーン、燃料が多い状態をリッチと呼ぶ。

Question 060

ドイツのニコラウス・アウグスト・オットーがガソリンを用いた内燃機関を発明した年は？
(ア) 1876年
(イ) 1879年
(ウ) 1882年
(エ) 1884年

解説　ニコウラス・アウグスト・オットーとは、1832年にドイツで生まれ、内燃機関の黎明期にその研究に取り組んだエンジニア。

もともとは実業家を志すも、内燃機関の研究に取り組み、1876年に直立単気筒で電気式点火装置を備えたガスエンジンを開発。同年のパリ万国博に出品した。このエンジンは現代にいたる4ストロークエンジンの原理を備えており、オットーは特許を取得する。したがって、オットーサイクルエンジンと呼ばれるケースもある。

後に、オットーが経営するエンジン製作会社の工場長に就任したのが、自動車の父とも言われるゴットリープ・ダイムラーである。

答：(ア) 1876年

Point　一般に自動車の父はゴットリープ・ダイムラーといわれるが、オットーがいなければ、ガソリンエンジンの完成はもう少し遅れていたかもしれない。

Question 061

ランボルギーニ・カウンタックのボディ・デザインを担当したデザイナーは誰？

(ア)ジョルジェット・ジウジアーロ

(イ)セルジオ・ピニンファリーナ

(ウ)マルチェロ・ガンディーニ

(エ)ヌッチオ・ベルトーネ

解説 イタリアには自動車のボディをデザイン、製作するカロッツェリアと呼ばれる"工房"がいくつもあった。代表的なものはピニン・ファリーナ、ギア、ベルトーネ、ツーリング、ザガートなどである。語源はイタリア語で馬車を意味する「カロッツァ」であることから、このような工房が自動車より前の時代から活躍していたことがわかる。

有名な自動車デザイナーたちも、このカロッツェリアに在籍していたケースが多い。初代ゴルフやアルファスッドのデザインで知られるジョルジェット・ジウジアーロはベルトーネやギアに在籍したことがあるし、1973年に登場したフェラーリ308GT4はベルトーネ在籍中のマルチェロ・ガンディーニの作品である。

ガンディーニは、ほかにもランボルギーニ・カウンタックやランチア・ストラトスなどのデザイナーとして知られている。

答：(ウ)マルチェロ・ガンディーニ

Point 著名なカロッツェリアと、そこに在籍したことのあるデザイナーの名前、代表作は知っておきたい。

Question 062

4ストロークエンジンの燃焼1サイクルにつき、クランクシャフトは何度回転する？
（ア）90度
（イ）180度
（ウ）360度
（エ）720度

解説　エンジン各部の基本的な働きは、以下の通りである。まずシリンダーが内部で燃料を燃やし、その圧力でピストンを上下方向に往復運動させる。続いて、ピストンがその力をクランク軸に伝え、クランク軸はピストンの往復運動を回転運動に変える。

4サイクルとは「吸入」「圧縮」「燃焼」「排気」の4行程を指す。この一連の動きの中で、ピストンは2往復する。ピストンの上下運動が2往復するということはつまり、クランクシャフトの動きは円を2回描くことになる。したがって、この間にクランクシャフトは2回転していることになる。　答：（エ）720度

Point　4ストロークと対比するために、2ストロークの原理も覚えておこう。

Question 063

1976年に日本で初めて開催された富士スピードウェイのF1選手権 IN JAPANに出場していない日本人選手は誰？

- (ア) 中嶋 悟
- (イ) 長谷見昌弘
- (ウ) 星野一義
- (エ) 高橋国光

解説

第1回日本グランプリは1963年に鈴鹿サーキットで開催され、1966年には富士スピードウェイに場所を移すことになる。一時期、中断されるも1971年には再開され、1976年にはF1世界選手権が開催される。日本グランプリとは呼ばれなかったものの、ジェームス・ハントとニキ・ラウダが世界王者を争う世紀の一戦となった。

長谷見昌弘、高原敬武、星野一義の3名の日本人ドライバーがこのレースに出走している。コジマに乗る長谷見が予選で好タイムを記録し、ティレルで出走した星野が一時3位を走行するなどの活躍を見せた。

答：(ア) 中嶋 悟

Point

1976年時点の中嶋悟はまだ23歳、ツーリングカーレースなどで活躍していた。

Question 064

2007年秋に開催される東京モーターショーは何回目の開催?

(ア) 第30回
(イ) 第35回
(ウ) 第40回
(エ) 第45回

解説 　東京モーターショーとは、日本自動車工業会が開催するイベント。2007年の10月に第40回東京モーターショーが開かれる。

その歴史を振り返ると、まず第1回は1954年に日比谷公園で開かれた。1959年の第6回からは晴海へ会場を移す。自動車の輸入が完全自由化されたことを受け、1966年開催の第13回ショーからは国際ショーとなる。1973年の第20回ショーから以降は、隔年開催となった。

1989年の第28回ショーからは会場を幕張メッセへと移し、2000年の第34回ショーで初の商用車ショーが開催された。2005年の第39回ショーでは東京モーターショー50周年記念イベントが催されている。

答:(ウ) 第40回

Point 　規模が大きくなるにつれ、会場が日比谷公園、晴海、幕張メッセと移っていった。

Question 065

「225/60R17H」の記号が記されるタイヤを使用できる最高速度は?

| (ア) 180km |
| (イ) 190km |
| (ウ) 200km |
| (エ) 210km |

解説

「225/60R17H」というタイヤがいかなるものか、以下に説明したい。

まず「225」とはタイヤの断面幅が225mmであることを意味する。「60」とはタイヤの扁平率(%)で、断面高さ/断面幅×100で表す。一般に、この扁平率が低いほうがグリップ重視、扁平率が高いほうが快適性重視となる。続く「R」はラジアル構造を意味し、そのあとの「17」はリム径をインチ表示したもの。この場合は17インチのリム径となる。最後の「H」が速度表示である。

速度表示は、以下の通り。L:120km/h、Q:160km/h、R:170km/h、S:180km/h、T:190km/h、H:210km/h、V:240km/h、W:270km/h、Y:300km/h。

答:(エ)210km

Point

速度表示には「ZR」という表示もあるが、これは240km/h超速度カテゴリーを示す。

Question 066

次のうちで、デビュー時期がもっとも遅いクルマは？

(ア)

(イ)

(ウ)

(エ)

解説
(ア)はトヨタ2000GTで、1967年。
(イ)はいすゞベレットで、1963年。
(ウ)は日野コンテッサで、1961年。
(エ)はホンダ・シビックで、1972年。

答：(エ)ホンダ・シビック

Point　いずれも日本の自動車史に残るクルマ。写真を使った出題は必ずあるので、姿形を覚えておくのも大切。

Question 067

ユーノス・ロードスター、トヨタ・セルシオ（初代）、日産フェアレディZ（Z32型）などが相次いで登場した「日本車のヴィンテージイヤー」と言われた年は？

| (ア) 1987年 |
| (イ) 1988年 |
| (ウ) 1989年 |
| (エ) 1990年 |

解説 1989年に登場した国産車を集めただけで一冊の本ができるくらい、この年は充実していた。

まず、同年2月のシカゴ・ショーで登場し、9月より日本でも発売となったユーノス・ロードスターがある。メカニズム、コンセプトともに目新しさはないものの、壊滅状態にあったライトウェイト・スポーツの市場を蘇らせるという大仕事を成し遂げた。

16年ぶりに日産スカイラインGT-Rが復活したのもこの年で、ターボのパワーを4WDシステムで受け止めるという、独自の高性能路線で大反響を巻き起こした。

トヨタがアメリカで高級車販売チャンネル「レクサス」を立ち上げ、レクサスLS400（日本でのセルシオ）の販売を開始したのもこの年。安くて壊れないクルマから、プレミアムやファンを表現するクルマへと、国産車が次のステージへと上った年だったといっていいだろう。　　　　　　　　答：（ウ）1989年

Point ホンダNSXの登場は翌1990年だということもあわせて記憶されたい。

Question 068

「2人乗り小型オープンスポーツカー」生産累計世界一としてギネスに認定されているモデルは？

| （ア）トヨタMR-S |
| （イ）ダイハツ・コペン |
| （ウ）BMW・Z3 |
| （エ）マツダ・ロードスター |

解説 1989年にマツダ・ロードスター（当時の日本での名称はユーノス・ロードスター）生産が始まり、2000年5月に2人乗り小型のオープンスポーツカーとして生産累計台数世界一に認定されている。この時点での累計生産台数は53万1890台。そして2007年1月30日に累計生産台数が80万台を記録、現在でもその記録を更新しつつある。

1989年デビューの初代ロードスターは1998年1月まで、同年デビューの2代目は2005年8月に3代目にバトンタッチしている。

答：（エ）マツダ・ロードスター

Point マツダ・ロードスターの前に世界一だったのは、約50万台が生産されたMGB。MGBも1962年から18年間という長期にわたって生産されていた。

Question 069

レースの結果で「DNS」と表示されるのはどういう意味?
(ア) 途中棄権
(イ) 完走
(ウ) スタートできず
(エ) レース中止

解説 DNSとは「Did Not Start」の略。何らかの事情により、決勝レースでスタートできない、走行することができなかったことを意味する。

DNFは「Did Not Finish」で、スタートはしたものの完走できなかったことを指す。

似たものにDNQというものもあって、こちらは「Did Not Qualify」というものである。こちらは予選を通過できなかったという意味である。　　　　　　　　　(ウ) スタートできず

Point 赤旗(レース中止)、黄旗(追い抜き禁止)、黒旗(失格)など、レース中に掲示されるフラッグのうち、基礎的なものをチェックしておきたい。

Question 070

大都市中心部への行動利用を有料化して交通量を制限する施策を何と呼ぶ？

(ア)シティ・タックス
(イ)ロード・プライシング
(ウ)カー・リストリクション
(エ)トラフィック・リミット

解説 ロードプライシングとは、ある地域（交通量が多い場所であるケースが多い）に進入、通過する車両から料金を徴収する制度。混雑の激しい地域における交通量を調整するための施策である。

シンガポールでは1975年から、ノルウェーのオスロでは1987年から、イギリスのロンドンでは2003年から実施されている。

日本国内ではまだ実施されたことはない。東京都の石原慎太郎知事が導入に積極的であるものの、現状ではその効果も含めて検討段階である。　答：(イ)ロード・プライシング

Point ロードプライシングがすでに実施されている都市名は出題の可能性あり。

Question 071

レシプロエンジンの形式で、存在しないものは？

| (ア) V型 |
| (イ) W型 |
| (ウ) Z型 |
| (エ) 星型 |

解説 レシプロエンジンの中で、代表的なのが直列エンジンだろう。直列4気筒、直列6気筒が一般的で、シリンダーを一列に並べるシンプルなレイアウトとなる。ただし、直列6気筒のレイアウトを採るとエンジンの全長が長くなり、近年とみに重要性を増す衝突安全性の確保が難しくなる。

そこでトヨタやメルセデスはV型6気筒エンジンに移行した。V型エンジンとは、文字通り直列エンジンのシリンダーをV字型に組み合わせたもの。6気筒同士で比較すれば、全長が短くなるため、衝突時にエネルギーを吸収するボディのクラッシャブルゾーンを確保しやすいというメリットがある。

W型とは、V型エンジンを2つ組み合わせるという凝ったレイアウト。エンジンをコンパクトにできるという利点があり、現在はフォルクスワーゲングループが8気筒、12気筒エンジンでこのレイアウトを用いている。

星型エンジンは、主に航空機に用いられるレイアウトで、シリンダーが放射状に伸びているのが特徴。現行の自動車で採用している例はない。

答：(ウ) Z型

Point それぞれのレイアウトの長所と短所を理解しておきたい。また、水平対向エンジンについても知っておくべき。

Question 072

ポルシェ911のコードネームではないものは？

| (ア) 928 |
| (イ) 930 |
| (ウ) 964 |
| (エ) 997 |

解説 1960年代のはじめ、356の後継としてポルシェが開発していた車両の開発番号は901だった。しかし、戦前から真ん中に0が入る3桁の数字を車名にしていたプジョーから抗議を受け、ポルシェはやむなく911を名称にする。

1974年、ボディ、エンジンに大きな変更を受けた911には、930というタイプナンバーが与えられた。930型は以後、1989年まで続く。1989年、新しい964型ボディを持つカレラ4がデビュー。964型は短命で1994年には空冷エンジン最後のモデルとなる993型に引き継がれる。

以後、水冷エンジン最初のモデルである996型、そして現行の997型へと移行していく。　　　　　　　　答：(ア) 928

Point 928というのは、911より上級のマーケットを狙って1977年に登場した2＋2クーペの名称である。

Question 073

次のフェラーリで、ミドシップでないクルマは？
(ア) F430
(イ) 288GTO
(ウ) 575M
(エ) テスタロッサ

解説　フェラーリの現行モデルであるF430は、車名の通り4.3ℓのV型8気筒エンジンをミドに搭載したモデル。
288GTOとは1984年のジュネーブショーで発表したモデルで、308GTBをベースに、V型8気筒エンジン＋ターボをミドに積んでいる。

テスタロッサとは「赤いカムカバー」の意味で、512BBの後継車種として1984年にデビュー。V型12気筒ユニットをミドにマウントしていた。ただし、1950年代の250テスタロッサはFRである。

2002年に登場した当時のフェラーリのフラッグシップである575は、V型12気筒エンジンをフロントに積み後輪を駆動するFRモデル。2+2クーペである。　　　　　　答：(ウ) 575M

Point　日本ではミドシップが人気だが、メインとなる市場のアメリカではフェラーリといえども2+2が望まれる。

Question 074

エンジンオイルの性能表示で、もっとも高い粘度を意味するのは？

| (ア) 0W-20 |
| (イ) 5W-30 |
| (ウ) 10W-40 |
| (エ) 20W-50 |

解説　オイルの性能や特徴は、SAE（米国自動車技術者協会）が定めた粘度によるオイルの適応温度範囲目安で示される。

「SAE5W-40」と「SAE10W-30」というオイルの粘度と使用可能な温度範囲を比較してみる。ここで「5W」「10W」の数字が小さいほうがオイルが柔らかく、低温での始動性が優れる。また、「40」と「30」という数字を比べて、この数値が大きいほどオイルが硬く、暑くても対応できることになる。

つまり、前後の数字の差が大きいほど極寒から超高温時まで幅広く性能を発揮するということになる。

答：(エ) 20W-50

Point　本問に関していえば、最も粘度が高いのは「50」で表示されるものとなる。

Question 075

次のドイツ車メーカーのうち、本社所在地が一番北にあるのはどのメーカーか？

(ア)アウディ
(イ)オペル
(ウ)フォルクスワーゲン
(エ)ポルシェ

解説 アウディの本拠はバイエルン州のインゴルシュタット、オペルはヘッセン州のリュッセルスハイム、フォルクスワーゲンはニーダーザクセン州のウォルフスブルク、ポルシェはバーデン＝ヴュルテンベルク州のシュトゥットガルト。

ドイツ連邦共和国は16の連邦州からなるが、バーデン＝ヴュルテンベルク州はフランスとの国境に位置することからわかるように南に位置する州である。バイエルン州はバーデン＝ヴュルテンベルク州と接しており、これも南に位置している。ヘッセン州はバーデン＝ヴュルテンベルク州の真上、つまりやや北に位置する。ニーダーザクセン州は、北海に面するかなり北に位置する州となる。

答：(ウ)フォルクスワーゲン

Point ドイツといっても、州によって文化がかなり異なり、その文化的背景は自動車にも反映されている。

Question 076

2007年5月1日現在、世界最高燃費のクルマとその燃費は？
（ア）ホンダ・インサイト：36.0km/ℓ
（イ）ホンダ・インサイト：35.0km/ℓ
（ウ）トヨタ・プリウス：35.5km/ℓ
（エ）トヨタ・プリウス：36.5km/ℓ

解説　ホンダ・インサイトは1999年11月に発表されたホンダ初のハイブリッド車。インサイトを特徴づけているのは、IMAというハイブリッドシステムはもちろん、アルミフレームを用いて軽量化を図ったことと、リアホイールをスパッツで覆うなどして空気抵抗の低減に努めたことだろう。車重は800kg台（装備、仕様によって異なる）という軽さを誇り、Cd値は0.25という驚異的なものだ。

デビュー時の10・15モード燃費は35km/ℓで、これは当時世界最高。2003年に2代目となったプリウスが35.5km/ℓでインサイトを抜くが、インサイトも2004年のマイナーチェンジで36km/ℓを達成。再び抜き返した。

インサイトは一部の熱狂的なファンに惜しまれつつも2006年で生産中止となる。現在は、シビック・ハイブリッドやアコード・ハイブリッドなどがそのスピリットを継承している。

　　　　　　答：（ア）ホンダ・インサイト：36.0km/ℓ

Point　10・15モードの燃費表示がJC08モードというよりリアルワールドに近い計測方法に変わるので、インサイトの記録は永遠に残るかもしれない。

Question 077

ブレーキフルードを交換したときに行うべき作業は、次のうちどれか。

| (ア)増し締め |
| (イ)面取り |
| (ウ)バフ掛け |
| (エ)エア抜き |

解説 ブレーキフルードを交換するには、どうしてもエア(空気)がブレーキシステムに混入してしまう。空気が入るとブレーキング時のタッチに違和感が出るのはもちろん、作動不良を招くこともある。

したがって停止状態でブレーキペダルを踏み込んでエアを排出する通称「エア抜き」が必要となる。特にほとんどの車にABSが採用されるようになった現在、ABSにエアが入ることは大きな問題に繋がるおそれがある。

「増し締め」とはボルト類を今一度しっかり締めること。本来は料理用語である「面取り」であるが、自動車用語として用いるときは主にブレーキパッドの形状を微調整する場合に用いる。「バフ掛け」とは、ホイールやボディなどに磨きをかけることを指す。

答:(エ)エア抜き

Point いずれもメインテナンスの専門用語であるが、その必要性とあわせて出題される可能性がある。

Question 078

アストン・マーティンの名前の由来は？

(ア) ギリシャ神話の神
(イ) 有名なヒルクライムコースの名前
(ウ) 有名なサーキットの名前
(エ) 創業地の町の名前

解説　L.マーティンとR.バムフォードという若きエンスージアストが出会った時に、アストン・マーティンの歴史が始まった。ふたりは、1913年にロンドンに小さな自動車修理工場を開き、1922年に最初のモデルが完成する。

アストン・マーティンという名称は、ヒルクライムが行われていたアストン・ヒルという地名と、マーティンの名前を組み合わせたものだ。

その後、生粋のブリティッシュ・スポーツを生む会社に成長、1947年には実業家デイビッド・ブラウンがこのブランドを所有することになる。DB4、DB5などもモデル名は、デイビッド・ブラウンの頭文字をとったものである。

以後、栄枯盛衰があり、フォード傘下にあった2007年に投資家グループに売却されている。

答：(イ) 有名なヒルクライムコースの名前

Point　1959年のルマン24時間での優勝や、映画「007シリーズ」のボンドカーとして採用されたことなどもこのブランドを語るうえでは外せない。

Question 079

4WD車が悪路に進入するのに重要となる角度のひとつで、前輪の接地点からフロントバンパー先端までの角度を何と呼ぶ？
(ア)アプローチアングル
(イ)デパーチャーアングル
(ウ)ランプブレークオーバーアングル
(エ)スタックアングル

解説　アプローチアングルとは、前輪接地点からフロントバンパー前端までの角度。急斜面や障害物を乗り越えるときにバンパーが接触するか否かを示す数字。デパーチャーアングルとは、同様にリアバンパーが接触するかどうかを示す。

ランプブレークオーバーアングルとは、前輪、後輪の接地点から伸びるラインを車体中心の底の部分で交差させたときの角度。簡単に説明すると、悪路でボディの底が地面に接触するかどうかを測る指標となる。

上記3つと最低地上高により、そのモデルの悪路走破性を示すことができる。　　　　答：(ア)アプローチアングル

Point　上記3つの角度を総称して、「スリーアングル」と呼ぶこともあるのであわせて覚えておきたい。

Question 080

ディーゼル車から出る黒煙を浄化する装置DPFは何の略称か？

(ア)ディーゼル・パティキュレート・フィルター

(イ)ディジーズ・ポリューション・ファクトリー

(ウ)ディーゼル・パフォーム・フリー

(エ)ダイナミック・プラスチック・ファブリック

解説　DPFとは「Diesel Particulate Filter」で、ディーゼル車が排出する粒子状物質を除去するためのデバイス。このフィルターはセラミック製が多い。

PM（Particulate Matter＝粒子状物質）をフィルターの微細な網で捕らえ、それを無害化するのがこの装置の働きである。ただし、燃料に硫黄分が多く含まれるとこの"網"が機能しないために、燃料の脱硫もあわせて行う必要がある。

DPFは酸化触媒とも呼ばれるが、触媒には主に白金を用いる。白金が稀少なマテリアルであり、高価であることから、DPFの生産、装着にあたってはコストが問題となる。

答：(ア)ディーゼル・パティキュレート・フィルター

Point　今後、PMに対する規制が厳しくなることが見込まれることから、DPFの性能向上について動向をチェックしておこう。

Question 081

イギリス国内で「ヴォクスホール」と呼ばれている自動車ブランドは以下のどれ？

| (ア)フォード |
| (イ)オペル |
| (ウ)セアト |
| (エ)マツダ |

解説　ヴォクスホールは、もともとは歴史ある自動車メーカーであり、その設立は1903年にまで遡る。ヴォクスホール・モーターズが1911年に発表したプリンス・ヘンリーは高性能スポーツカーとして非常に高い評価を得ている。また、1913年から生産が始まった30／80は、現在でもヴィンテージカーとして人気を博している。

しかし、名声とは裏腹に経営状況は厳しく、1925年には米国GM傘下となる。以後は、高級、高性能路線から実用路線へと方向を転換した。

1963年に発表した小型車、ヴィヴァは、同じくGM系のオペル・カデットのブランド／エンブレムを変えた同一モデルだった。1970年以降、GMのグローバルカー構想によりその動きは加速し、ヴォクスホールの独自開発モデルは消滅、すべてオペルのバッジ違いのモデルとなっている。　答：(イ)オペル

Point　ヴォクスホールとオペルのほか、サーブもGMの傘下に入っていることを念頭においておく。

Question 082

フォード・モーターの創設者、ヘンリー・フォードに「○○が通る時、いつも脱帽せずにはいられない」と言わせた自動車メーカーはどこか?

(ア) フィアット

(イ) ローバー

(ウ) トヨタ

(エ) アルファロメオ

解説

1863年に米国ミシガン州に生まれたヘンリー・フォードは、1903年にフォード・モーター・カンパニーを設立する。自動車の大量生産の幕開けとなったT型フォードが発表されたのは、1908年。以後、1927年まで世界累計で1500万台以上が生産された。

1920年代半ばのアルファロメオは、フィアットからヴィットリオ・ヤーノを引き抜き、直列8気筒DOHC＋スーパーチャージャーという驚異的なスペックのエンジンを搭載するP2を製作していた。1924年のイタリアGPでは、1位から4位までP2が独占している。

自動車王ヘンリー・フォードをして、こうしたアルファロメオは「脱帽する」と言わしめる存在だったのである。

答：(エ) アルファロメオ

Point

戦前、ヘンリー・フォードがイタリアに工場進出しようとした際に、フィアットの創業者であるジョバンニ・アニエッリが断固阻止したという経緯もある。

Question 083

ラリー中、各レグの終わりに用意される車両保管場所のことを何という?

| (ア)パルクフェルメ |
| (イ)パドック |
| (ウ)ピット |
| (エ)バックヤード |

解説　パルクフェルメとはフランス語で、「Parc Fermes」と綴る。これを直訳すれば、「閉ざされた広場」となる。モータースポーツ全般で使われる言葉であり、メカニック、ドライバーが車両に触れることがないように隔離した場所に設置した車両保管場所を指す。日本では主にラリー、フォーミュラ1の記述に登場する機会が多い。

ラリー、ラリーレイドによって規則の詳細は異なるが、パルクフェルメに置かれた車両には、一切タッチできないのはもちろん、立ち入りも禁止されているのが一般的。この規則を破ると、失格となるケースが多い。

ただし、例外としてフロントウィンドウの交換だけは、パルクフェルメ内で行うことが許されている。

答:(ア)パルクフェルメ

Point　モータースポーツの専門用語は、フランス語を起源とする場合が多い。

Question 084

「システムパナール」とは、どのレイアウト方式を指す？

| (ア) FF |
| (イ) FR |
| (ウ) ミドシップ |
| (エ) RR |

解説

「自動車の父」といえば、ドイツ人のゴットリープ・ダイムラーである。しかし、ダイムラーが考案したガソリンエンジンを現代に通ずる自動車という商品に仕立て、これを商売にしたのはフランス人のルネ・パナールと、エミール・ルヴァソールである。

彼らは、座席の下にエンジンを置いて後輪を駆動するという当時の主流であった方式を改良した。従来の方式ではどうしても重心が高くなるという問題があったのだ。

彼らはプジョーにこのシステムを売り込み、1890年にプジョーのガソリン自動車が生まれる。彼らが開発、売り込んだ方式を簡単に説明すれば、運転者の前にエンジンを置き、床の高さを低くしたということになる。フロントエンジン、リアドライブ、つまり現在のFR駆動方式がこのときに生まれたのである。

答：(イ) FR

Point

このシステムを考案したのはエミール・ルヴァソールであり、本来ならばシステム・ルヴァソールと呼ぶべきであろう。

Question 085

1894年、初めての自動車競技会が開催された国は?
(ア) イタリア
(イ) イギリス
(ウ) フランス
(エ) ドイツ

解説

史上初のモータースポーツのイベントとなったのが、1894年の「パリ-ルーアン・トライアル」であった。これはレースというよりもどちらかといえばエキジビションの意味合いが濃かったとされている。ガソリン自動車のほかに蒸気、電気などのさまざまな動力源が集い、最も優れた方式を見付けることがテーマだったという。このトライアルでは、システムパナールを構築したルヴァソールとその仕組みを採用したプジョーが、見事に1位に輝いた。

本格的なレースといえば、1895年の「パリ-ボルドー往復レース」ということになる。47台の参加申し込みのうち、22台が参加。15台がガソリン車で、蒸気車が6台、電気車が1台だった。ここで優勝したのもルヴァソールで、約1200kmの行程を平均24km/hで走ったという記録が残されている。

答:(ウ) フランス

Point

現在のモータースポーツシーンの中心がフランスであることや、用語にフランス語が多いのは、こういった理由による。

Question 086

ルマン24時間レースが行われるサルテサーキットの、約6キロに及ぶストレートの名は?
(ア)コークスクリュー
(イ)パラボリカ
(ウ)ミストラル
(エ)ユノディエール

解説 ルマン24時間は、常設のブガッティサーキットと公道を組み合わせたサルテサーキットで行われる。

テルトル・ルージュで公道に出た車両は、その先で90度に曲がるミュルサンヌまで、約6km、時間にして1分にもおよぶ超高速ストレートを経験することになった。ここでの最高速度は400km/hを超えることもあった。

しかし1990年に安全確保のために2つのシケインが設置されており、現在の最高速度は350km/h程度に抑えられることになった。

ほかにも、ニッサンシケイン、ポルシェカーブといった名称をつけられた"名所"が存在する。

答:(エ)ユノディエール

Point ルマン24時間とともに、世界3大レースと呼ばれるのがF1モナコグランプリと、アメリカのインディアナポリス500マイルレース。

Question 087

ゴットリープ・ダイムラーがガソリン自動車を開発した1886年に、同時に三輪自動車を完成させていた技術者の名は?

(ア)アウグスト・ニコラウス・オットー

(イ)ジャン・ジョセフ・ルノアール

(ウ)ウィルヘルム・マイバッハ

(エ)カール・ベンツ

解説　19世紀後半のドイツで内燃機関の研究に取り組んでいたカール・ベンツは、1885年に「パテント・モートルヴァーゲン」という4ストロークエンジンを搭載した3輪車を完成させ、1886年に特許を取得する。

カール・ベンツの作ったエンジンは軽量小型であり、また電気式の点火装置を備えるなど、メカニズムも同時期にゴットリープ・ダイムラーが開発したものよりも進んでいたとされる。また、3輪車となったのは、軽量化を意識してのことだった。それも道理で、エンジンの出力としては0.75psに過ぎなかった。

そしてこのモデルが、ガソリン自動車の始祖とされている。後に、経営不振からベンツとダイムラーが合併することになるが、それはまた別のストーリーである。

答：(エ)カール・ベンツ

Point　世界初の自動車に関しては、フランス人は「ドブットヴィルとマランダンだ」と主張している。

Question 088

「タックイン」を発生させるために必要な動作は？
(ア)アクセルオン
(イ)アクセルオフ
(ウ)シフトダウン
(エ)シフトアップ

解説 まず、アンダーステアとオーバーステアの違いについて理解しておきたい。前者は前輪の横滑り角が後輪の横滑り角より大きい場合で、ステアリングホイールを切った実感よりも曲がりにくいと感じる状況を指す。後者は、その逆のケースである。

タックインとは、アンダーステアの状態からクルマのノーズがコーナーの内側を向き、オーバーステアの状態になることを言う。これを意図的に行えばコーナーをハイスピードでクリアするテクニックになる。

意図してタックインを実行するのは、アンダーステアで車両がコーナー外側へ膨らんでしまった場合で、アクセルをオフにするとエンジンブレーキがかかった状態になり、前輪に荷重がかかる。また駆動がかからなくなることから横方向のグリップが復活し、車両がイン側を向く。

答：(イ)アクセルオフ

Point ただし、現在のクルマはタックインが起こらないようなセッティングになっていることも理解しておく。

公式問題集／2級

Question 089

ABSが人間の代わりにやってくれる動作は？

(ア) カウンターステア
(イ) クラッチミート
(ウ) フル加速
(エ) ポンピングブレーキ

解説 ABSとは「Antilock Brake System」の略。この装置がブレーキに備わっていない場合、急ブレーキを踏むとタイヤがロックしてしまう。タイヤがロックしてしまうと、制動距離が伸び、またステアリングを切っても方向が変わらなくなってしまう。そこでタイヤのロックを防ぐために生まれたデバイスがABSである。

これは、簡単に解説すると以下のようなメカニズムで実現する。

組み込まれたセンサーがタイヤのロックを感知すると、瞬間的にブレーキ力を弱め、ロック状態を解除する。タイヤのロックが復元したところで、再びブレーキをかける。この一連の動作を短時間に何度も繰り返しているのがABSである。

したがって、ABSは人間が行うポンピングブレーキのかわりをしているということになる。

答：(エ) ポンピングブレーキ

Point 電子デバイスの発達のおかげで、「自動カウンターステア」「自動アクセルコントロール」なども実現している。

Question 090

日産マーチのヨーロッパでの名称は？
(ア)アルメーラ
(イ)セントラ
(ウ)サニーネオ
(エ)マイクラ

解説 現行の日産マーチはアライアンスの関係からルノー・クリオ（日本でのルーテシア）と共通の車台を持つコンパクトカーである。ただし、ルノーとの提携以前からマーチは英国サンダーランド工場で生産されており、欧州では「マイクラ」のネーミングで販売されている。

2007年より、ヨーロッパではすでに発表されている「マイクラC＋C」が日本市場にも導入されることになる。これは、折りたたみ式のハードトップを備えるオープンカーで、日本市場へは1500台の限定輸入となった。

C＋C導入にあたっては、日産はマーチという名称は使用せず、「マイクラ」という欧州名を選んだ。

答：(エ)マイクラ

Point ほかにも、欧州で売られている日産キャシュカイが日本ではデュアリスと呼ばれている例などがある。

Question 091

図の形式のサスペンションの名は？

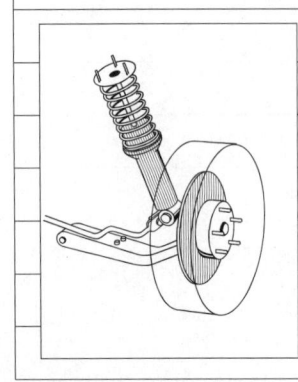

(ア) セミトレーリング アーム
(イ) ダブルウィッシュボーン
(ウ) マルチリンク
(エ) ストラット

解説　現在、ほとんどの自動車が採用する独立懸架サスペンションには、以下のような形式がある。ストラット式、ダブルウィッシュボーン式、マルチリンク式。

ストラット式とは、直線ガイドのストラットと横アームを組み合わせた形式で、スペースに制約の多いFF車のフロントサスペンションに用いられるケースが多い。

ダブルウィッシュボーン式は2本の横アームを上下に配置したサスペンションで、セッティングの自由度が高い。したがってスポーツカーやFRセダンに好んで用いられる。

マルチリンク式は基本的にはダブルウィッシュボーン式と共通で、上下のアームをそれぞれリンクに分割している。

答：(エ) ストラット

Point　本問の図は、縦方向のストラットと横アームを組み合わせたストラット式。

Question 092

HIDは何の略称?

(ア) High Intensity Discharge
(イ) High Intellect Dischange
(ウ) High Integral Discover
(エ) High Interval Discipline

解説　HIDとは「High Intensity Discharge」の略で、直訳すれば高輝度放電の意味となる。

電極に高い電圧を加えることで、バルブ内に封入されているキセノンガスが電離して放電を開始する。この放電作用により、内部に封入された水銀とハロゲン化金属が発光するというのが大まかなメカニズムである。

従来のハロゲン式のヘッドランプに比べて明るいだけでなく、フィラメントが不要なので高効率(消費電力が少なくすむ)かつ長寿命であるという特徴を備えている。

太陽光と色温度が近いことから、テレビや映画の撮影用の照明として用いられるケースも多い。

答:(ア) High Intensity Discharge

Point　HIDが普及したのは明るさと色だけでなく、効率と寿命にも優れているということも知っておこう。

Question 093

この道路標識が指示する内容は？
(ア) 停車禁止
(イ) 進入禁止
(ウ) 駐停車禁止
(エ) 駐車禁止

解説 道路標識には、案内標識、警戒標識、規制標識、指示標識、補助標識がある。図の標識は規制標識のひとつで、駐停車禁止を表す。上部に数字が入った場合は、規制が行われる時間帯を示す。

同じ意匠で、斜め線が右下がりの1本だけのものは、駐車禁止。

また、地色が白の場合は通行止めを表す。

答：(ウ) 駐停車禁止

Point 通行止め、進入禁止、駐車禁止などの基本的な標識も、意外に混同している場合がある。再確認を。

Question 094

日本と同様に、自動車が左側通行の国は？
(ア) メキシコ
(イ) スペイン
(ウ) インド
(エ) 中国

解説 世界全体で見れば、自動車が左側通行の国は少数派で、ヨーロッパ、北米ではほとんどが右側通行を採用している。

左側通行の国ではイギリスが有名だが、かつてイギリスの植民地だった国やイギリス連邦加盟国には、左側通行の国が多い。

日本でも、戦後アメリカ統治下にあった沖縄では右側通行になっていたが、返還を受けて1978年に左側通行に復帰した。

答：(ウ) インド

Point 左側通行の国は、ほかにオーストラリア、タイ、マレーシア、南アフリカなどがある。

Question 095

自動車レースを題材とした60年代の日本のアニメ番組『マッハGoGoGo』はアメリカでもヒットしたが、どんなタイトルで放送されたか。

(ア) Wild Speed
(イ) Speed Racer
(ウ) Racing Battle
(エ) Initial M

解説 1967年に放映されて人気を博した『マッハGoGoGo』は、自動車レースを舞台にした少年向けアニメだった。鈴鹿サーキット、富士スピードウェイができて間もない頃で、モータースポーツへのあこがれもあって人気を博した。

登場するマシンのマッハ号は、空を飛んだり水中を潜ったりする荒唐無稽なものだったが、プロトタイプカーが登場してきた日本のレースシーンに影響されたものだった。

アメリカでも『Speed Racer』のタイトルで放映され、子供たちの心をつかんだ。　　　　　　　　答：(イ) Speed Racer

Point ハリウッドで実写映画化され、2008年に公開予定。監督は『マトリックス』のウォシャウスキー兄弟である。

Question 096

コモンレール式直噴ディーゼルエンジンに用いられるインジェクターで、従来の電磁ソレノイド式よりも高速な制御を可能にしたのは、次のうちどれか。

| (ア)ジョセフソン素子式 |
| (イ)ピエゾ素子式 |
| (ウ)ペルチェ素子式 |
| (エ)ホール素子式 |

解説　ディーゼルエンジンで問題になっていたのが、排ガスに含まれる粒子状物質（PM）や窒素酸化物（NOx）である。完全燃焼に近づけることによって、これらの排出量を減らすことが大きな課題となっていた。

圧電素子とも呼ばれるピエゾ素子は電圧によって伸縮するという性質を持っていて、ソレノイド式の数倍の速度で制御することができる。

高圧での燃料噴射ができるコモンレール式噴射ポンプとあわせ、環境対応を支える技術なのだ。

答：(イ)ピエゾ素子式

Point　環境対応の面で技術革新が目立つのがディーゼルエンジン。最新の知識を知っておく必要がある。

Question 097

映画『卒業』で、ダスティン・ホフマンが演じるベンジャミンが乗っていたオープンカーは?

(ア)アルファロメオ・ジュリア・スパイダー
(イ)フォード・サンダーバード
(ウ)オースティン・ヒーレー・スプライト
(エ)トライアンフTR3

解説

映画史に残る名作の中には、クルマが印象的な小道具として使われているものがある。

『卒業』でダスティン・ホフマンが乗っていたジュリア・スパイダーは初期のデュエットで、雨に打たれるシーンが効果的に使われていた。

ちなみに、先代モデルのジュリエッタ・スパイダーは、『ジャッカルの日』で殺し屋が乗っていたのが有名である。

答:(ア)アルファロメオ・ジュリア・スパイダー

Point

1960年代にはうまく自動車を使った映画が多く、その中から出題される可能性がある。

Question 098

トヨタ自動車の2006年度総売上高は？
（ア）約8000億円
（イ）約2兆6000億円
（ウ）約15兆円
（エ）約24兆円

解説　2007年3月期の連結決算では、売上高が23兆9480億円、営業利益は2兆2386円と発表された。それぞれ、前年同期比13.8％、19.2％の増加である。

　2002年に初めて営業利益を1兆円の大台に乗せてから、わずか5年で2倍に伸ばしたことになる。

　売上高の数字は、ロシアの国家予算に匹敵する。

答：（エ）約24兆円

Point　販売台数は852万4000台で、前年同期比55万台の増加となっている。

Question 099

次のクルマのなかで、本田技研工業の製品でないのは?

(ア) S-MX
(イ) CR-X
(ウ) MR-S
(エ) HR-V

解説　(ア)は1996年から2002年まで販売された2ボックスカー。車内スペースが大きいのが売りで、「恋愛仕様」がキャッチコピーだった。

(イ)は1983年から1997年まで販売されたスポーティなコンパクトカー。1992年に出た3代目はオープンルーフを装着して「デルソル」の名がついていた。

(エ)は1998年から2006年まで販売された小型SUV。

以上がホンダの製品である。

(ウ)はトヨタのミドシップ・オープンスポーツで、1999年から2007年まで販売された。1984年デビューのMR2の実質的後継モデルである。

答:(ウ) MR-S

Point　アルファベット3文字の車名は多いが、ハイフンの入る位置がまちまちなので注意。NSXはプロトタイプではNS-Xだった。

Question 100

1963年にデビューした当時のポルシェ911の排気量は?
(ア) 2ℓ
(イ) 2.2ℓ
(ウ) 2.4ℓ
(エ) 2.7ℓ

解説 2007年のラインナップでは素のカレラでも3.6ℓエンジンを搭載し、325psという強大なパワーを誇っている。

しかし、1963年のデビュー時は、今からすれば大して大排気量とはいえない2ℓであった。356の1.6ℓフラット4を載せた912も販売されていた。

全車が2.2ℓとなったのは、1970年のことである。72年には2.4ℓとなった。

そして、73年に登場した2.7ℓエンジン搭載モデルが、名車とされる73カレラRSである。　　　　　　　　答:(ア)2ℓ

Point 1974年までの初期ボディのモデルは、通称「ナローポルシェ」と呼ばれている。

CAR検
かーけん

自動車文化検定公式問題集
じどうしゃぶんかけんていこうしきもんだいしゅう

2級・3級　全200問
きゅう きゅう　ぜん　もん

初版発行	2007年8月3日
2刷発行	2007年8月20日
著者	自動車文化検定委員会
発行者	黒須雪子
発行所	株式会社二玄社
	〒101-8419
	東京都千代田区神田神保町2-2
営業部	〒113-0021
	東京都文京区本駒込6-2-1
	電話03-5395-0511
URL	http://www.nigensha.co.jp
装幀・本文デザイン	黒川デザイン事務所
印刷	株式会社　シナノ
製本	株式会社　積信堂

JCLS

(株)日本著作出版権管理システム委託出版物
本書の無断複写は著作権法上の
例外を除き禁じられています。
複写希望される場合はそのつど事前に
(株)日本著作出版権管理システム
(電話03-3817-5670　FAX03-3815-8199)の
了承を得てください。
Printed in Japan
ISBN978-4-544-40020-5